最强大脑

超级记忆力养成计划

李威 等 著

北京大学出版社
PEKING UNIVERSITY PRESS

图书在版编目(CIP)数据

最强大脑：超级记忆力养成计划 / 李威等著 .—北京：北京大学出版社，2018.7

ISBN 978-7-301-29585-4

Ⅰ. ①最… Ⅱ. ①李… Ⅲ. ①记忆能力—能力培养 Ⅳ. ① B842.3

中国版本图书馆 CIP 数据核字（2018）第 114009 号

书　　名	最强大脑：超级记忆力养成计划 ZUI QIANG DANAO：CHAOJI JIYILI YANGCHENG JIHUA
著作责任者	李威　等著
责任编辑	刘维　闫勤　代卉
标准书号	978-7-301-29585-4
出版发行	北京大学出版社
地　　址	北京市海淀区成府路 205 号　100871
网　　址	http://www.pup.cn　新浪微博：@ 北京大学出版社
电子信箱	yangsxiu@163.com
电　　话	邮购部 62752015　发行部 62750672　编辑部 62764976
印 刷 者	固安兰星球彩色印刷有限公司
经 销 者	新华书店
	710 毫米 ×1000 毫米　16 开本　14 印张　165 千字
	2018 年 7 月第 1 版　2023 年 7 月第 5 次印刷
定　　价	42.00 元

作者荐书

李威

中国首次世界记忆力锦标赛冠军团体成员之一

在这里我要和大家聊的话题是记忆力。为什么有的人觉得记忆信息像呼吸一样简单，有的人却如负重登山一样吃力？为什么记忆力会随着年龄增长而衰退？为什么有的人对数字记忆很敏感，但却感慨自己是脸盲或路痴？记忆宫殿是最好的记忆方法吗？大家在学习生活中总会遇到诸如以上关于记忆力的各种问题。我从大学四年级开始接触记忆方法，毕业时成为武汉大学记忆冠军，工作后帮助中国首次夺得世界记忆力锦标赛团体冠军，后来又参与很多与记忆相关的科学实验和电视节目。在本书中，我将从学习、生活等多个角度呈现记忆力和记忆方法的全貌，让你在面对记忆难题时多一份从容和自信。

王昱珩

观察与联想，帮助我拥有最好的记忆力

很多人都会用“一花一世界，一叶一菩提”和“每滴水都能折射太阳的光辉”这样的语言来表达一些抽象的观点，但是我更愿意去发现每朵花儿、每片叶子和每滴水里真实的奇妙世界。观察是我的独门秘籍，想象是我的制胜法宝，观察和想象的能力让我设计出赏心悦目的作品，也帮助我在《最强大脑》等节目中完成一个个超乎想象的挑战。观察需要耐心，更需要角度；想象不只是天马行空，更需要掌握方法。在本书中，我将结合生活和学习的实例分享观察、想象和记忆的技巧，帮助大家释放与生俱来的大脑潜能。

申一帆

3 天内点背 484 页的雅思考试单词，学霸之路其实可以复制

大家都知道英国人、美国人说英语，但却不知道世界上记忆英语单词最多的却是两个说中文的人。我们提倡像英国人、美国人一样记单词，但却没考虑他们使用语言的环境。用谁的方法记单词不是关键，记住并能使用才是关键，有效果比有道理更重要。我在大学本科期间获得“世界记忆大师”的称号，拿到大学最高级别的奖学金，并在 3 天内点背 484 页的雅思考试单词，运用记忆技巧开发的英语词汇记忆 APP（计算机应用程序）也获得了中国青年 APP 大赛创意类的全国总冠军。学习有方法、记忆有诀窍，在本书中，我将分享英语学科的记忆方法，分享多年的经验总结，帮你在更短时间内突破英语词汇、语法等记忆瓶颈，提高时间效能。

贾立平

助你成为多才多艺的“学霸”，不只是玩魔方

我是一名中科院博士研究生，更是一个魔方玩家。无论是本科、硕士、博士横跨三个专业，还是创造“水下盲拧复原魔方”的吉尼斯世界纪录，并在《最强大脑》节目中担任中国战队队长，记忆技巧都给我带来很大帮助。在本书中，我将分享记忆方法在理科学习和魔方还原等智力节目中的作用，助你成为一名多才多艺的“学霸”，期待与你产生思想的共鸣。

最强大脑记忆力，你也可以拥有

2014 年电视节目《最强大脑》开播以后，越来越多的朋友对选手的超强记忆表现感到吃惊，越来越多的人开始关注“记忆”这个话题。得知选手都是通过练习获得超级记忆力后，很多人都希望通过训练提高自己的记忆力，特别是那些随年龄增长感觉记忆力明显衰退的人。

但无论是上网查资料还是买书阅读，大家都遇到了各种各样的困扰。有人遇到文化带来的困扰，如果你买的是一本外国人写的书籍，你会发现一些关于想象、谐音、编码的举例和中国的文化相差太大，理解起来非常困难；有人遇到专业背景带来的困扰，如果你买的是一本心理学家写的关于记忆的书籍，你会发现，没有心理学背景知识，书中的结论就晦涩难懂，而且很多理论落后于实际应用，无法解释《最强大脑》选手的一些惊人表现；有人遇到年龄带来的困扰，如果你买的是日本人写的关于超右脑记忆方法的书籍，你会发现，很可能你已经错过了这个方法适用的黄金年龄，怎么努力都达不到书中描述的效果；也有人遇到方法体系带来的困扰，如果你买的是一本关于高中生应试的书籍，除非你了解整个记忆方法体系，否则你很难在工作中进行应用。

人的记忆能力是由至少四个方面因素决定的：基因、大脑的状态、记忆方法的使用和记忆习惯。2016 年，我在国内一家检测天赋基因的权威公司做了全套基因检测。结果显示，由基因决定的长时记忆和情景记忆这两项，我都只属于良好水平，并不出众。我也研究了我的几十名学员的记忆天赋和他们学习表现之间的关系，发现基因决定我们基本的记忆能力，例如机械记忆能力，不同天赋的人有不同的记忆方法，只要找到适合自己的方法，记忆能力就会有突飞猛进的提高。

记忆效果的好坏与大脑的状态也有很大的关系。状态好的时候记东西非常快，状态不好的时候背了很多遍也记不住，所以我们要力争让大脑保持在最佳状态，可以采取的措施有很多，比如采用合理的饮食、聆听音乐、调整呼吸、做健脑操等。

记忆方法有多种，每种方法都有它的适用范围，不能绝对地说某一种方法可以解决所有问题，也不能简单地说哪种方法是最先进的。从应用的角度来看，只有最合适的方法，没有最先进的方法。在本书中，我们会分享记忆方法所蕴含的心理学原理、每种方法适用的范围及注意要点、记忆方法在不同类型的信息和不同学科中的使用，还会分享很多趣味类的项目记忆，如扑克牌、魔方等，这些内容有助于我们建立完整的记忆方法体系。

最后，我要介绍一下我们四个人的特点及在本书写作过程中的分工。由于我接触记忆方法的时间最长，所以负责整体内容的规划和大部分内容的写作。我在大学时开始学习记忆方法，在工作后持续运用了 8 年，期间阅读过国内外关于大脑和记忆的书籍超过 30 本。在工作之余，我参加了世界记忆力锦标赛，获得 5 枚单项奖牌，并帮助中国首次获得世界团体冠军；我还参加过为期一年多的脑科学实验，并在《最强大脑》舞台上完成 7 个不同项目的挑战。我希望我的经验能让记忆方法的初学者少走一些弯路。

王昱珩具有罕见的观察、想象和形象记忆能力，高考时是全国美术类专业的第一名，所以他负责观察、想象和图形记忆方法的写作。

贾立平是中科院的博士研究生，是盲拧魔方吉尼斯世界纪录的保持者，他撰写的理科知识和魔方等智力游戏的记忆方法一定能给大家带来很多启示。

高效记忆方法帮助申一帆在 20 岁时就保送为武汉大学计算机学院的硕士研究生。除了记忆专业知识外，他还用记忆方法在 3 天内点背 484 页的雅思考试单词。他分享的记忆方法肯定会给在英语单词记忆方面存在困难的朋友带来帮助。

掌握科学方法，释放记忆能量，期待和您一起开启奇妙的记忆之旅。

目录

第一章

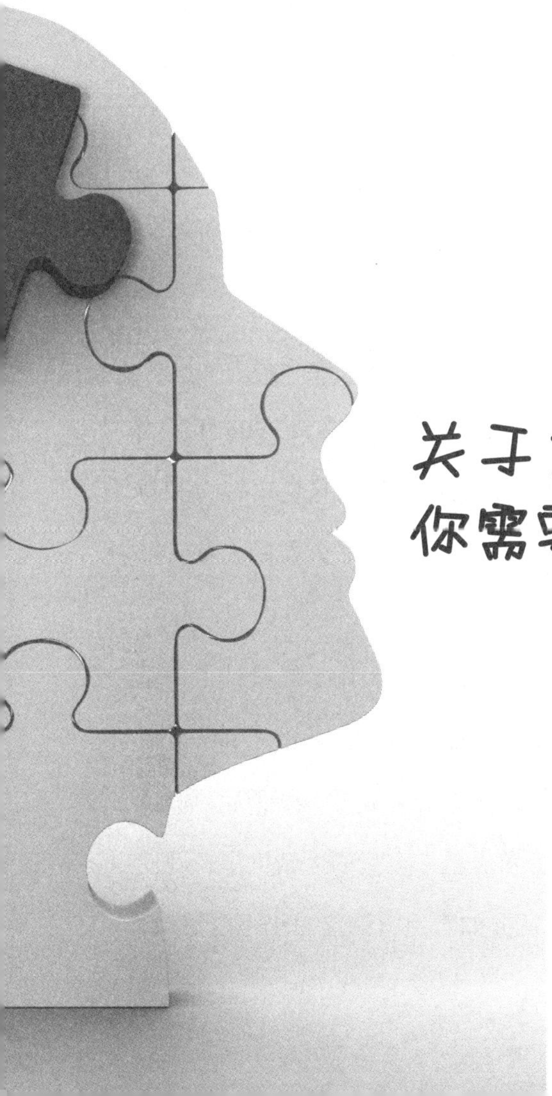

关于记忆，你需要先了解这些

大脑功能只开发 10%？你所熟悉的大脑知识谬论！

记忆是大脑的基本功能之一，在分享记忆方法之前，我们先看看关于大脑的三个常识问题。

人类的大脑功能被开发了多少

2013 年，在一次超过 2000 名美国人参与的民意测验中发现，有 65% 的人相信人类只开发了大脑功能的 10%。2014 年上映的科幻电影《超体》也利用了这一观点。在影片中，女主角露西的大脑功能被开发到 100%，之后她变得无所不能，可以利用脑电波隔空移物，甚至还能改变自己的形体。

人类的大脑果真像上面提到的那样，还有大部分功能未被开发吗？事实并非如此。关于大脑功能未被完全开发的观点要追溯到 1908 年，当时美国的心理学之父威廉·詹姆斯提出“我们现在仅仅只利用智力和身体的一小部分”。其他人引用时添油加醋，最后就变成了人类的大脑功能仅被开发了 10%。这只是一个源头，后来很多巧合又强化了这一观点。

20 世纪 20 年代，科学家卡尔·斯奔策·拉什雷利用老鼠设计了一系列的迷宫实验，用来确定大脑中关于记忆功能的位置。拉什雷先训练老鼠完成简单的迷宫任务，然后将其大脑不同部分的皮层切除，20 天后再测试老鼠完成迷宫的成绩。实验表明，只要保留老鼠一定量的大脑皮层，即使切除皮层中较大的部分，老鼠解决简单任务如走迷宫的能力仍不受影响。

有部分宣传者对这些数据进行过度解释和夸大，导致人们认为大脑中只有一小部分被利用了。

20 世纪 30 年代，神经科学家利用电刺激来研究人的大脑，通过电刺激唤起负责感知和运动的大脑皮层。结果发现，能被唤起的区域比例很小，其实更大部分的区域是非感觉和非运动的区域，不能通过电刺激来唤起。神经科学家由此得出结论，大脑的很多区域都没有被利用。

然而，越来越多的科学研究也在显示，人类对大脑的使用比例远远超出我们的想象。根据剑桥大学的科学家对人脑结构的计算，现代人类的大脑重量约占体重的 2%，却消耗了人体总能量的 20% ～ 25%。如果现在大脑只被利用了 10%，那么一旦运转到 40%，人类的能量就会无法承担大脑的消耗。另外，“脑不用不灵”，大脑必须依靠使用来保持健康。阿尔茨海默病患者的大脑中有 10% ～ 20% 的神经元呈弥散性丢失，这足以对记忆和意识产生破坏性的影响。如果 90% 的大脑不活动，大脑中许多神经通路就会退化，大量不被使用的神经元将会萎缩死亡，也就意味着这个人将昏迷不醒。再则，依据核磁共振及其他检测，即使在睡眠时，大脑也不存在非活性的区域。所以，我们对大脑的使用率远远超过 10%。

但是，大脑已经被充分使用并不能否定学习方法和努力的价值，因为使用方法不同，带来的结果会有巨大的区别。就像使用相同的材料，大师设计的作品和新手设计的会有天壤之别。我们不应该过分关注大脑的天赋，而是学会利用合适的方法提升使用大脑的效率。

左撇子是不是更聪明

左撇子在人类中的占比约为 12%，有非常多的事例似乎都在证明左撇子会有更优秀的表现。在美国一所名牌大学的建筑学院里，有 29% 的教授是左撇子；20 世纪 70 年代，排名世界前 4 的优秀网球选手中，有 3 名是左撇子；法国击剑队的 15 名队员中，有 8 名是左撇子；美国霍普金斯大学的研究员在统计有卓越数学表现的孩子时发现，左撇子比使用右手的人数几乎要多一倍；还有很多著名的人物，如卓别林、毕加索、达·芬奇、居里夫人、亚里士多德、拿破仑、比尔·盖茨、奥巴马等，他们都是左撇子。左撇子更聪明吗？如果真的是这样，为什么自然选择的规律没有让左撇子成为我们中的大多数？

社会学家的大量调查发现，左撇子和使用右手的人在智力方面的表现是一样的。左撇子在某些特定的领域确实更有才能，比如空间想象、音乐和美术等，但同时在左撇子人群中有较高比例的人有学习障碍。我们可以引用诺贝尔生理学或医学奖获得者的结论解释这种现象。美国生物学家斯佩里博士通过著名的割裂脑实验，证实了大脑不对称性的左右脑分工理论，因此获得诺贝尔奖。他的研究发现，左脑在逻辑、语言、数学、文字、推理分析等方面有比较优势，右脑则在图画、音乐、想象、创造等方面有比较优势。因为左手是右脑控制，所以左撇子有更多的机会锻炼右脑，可以在空间想象、音乐和美术等方面表现得更好。但左撇子对左脑的锻炼不如使用右手的人，所以他们在阅读、理解等方面表现会稍微差些。从上述关于左撇子的论述中，我们可以得知，怎样使用大脑，大脑就会有怎样的表现。所以，我们强调大脑要平衡发展，不要过分地突出对某个脑区的开发。

音乐胎教

在欧美国家，音乐胎教也被称为“莫扎特效应”。这一效应指出，给胎儿听莫扎特等作曲家的古典音乐有利于提高孩子的智商。真的是这样吗？这个观点又是怎样形成的？

1993 年，一项针对大学生空间能力的测试发现，在测试前听 10 分钟的莫扎特音乐能提高该项能力的得分，这个成果发表在著名的《自然》杂志上；1994 年，《纽约时报》的一篇文章充满感情地宣传了莫扎特效应的神奇；1996 年，媒体报道德国某地奶牛场的奶牛听了莫扎特的音乐之后产奶量增加了；2001 年，心理学科普作家提出莫扎特的音乐有治愈心灵的作用。接下来，商家开始宣传“莫扎特效应”在胎教中的应用。

然而，事实是，并无任何证据证明莫扎特的音乐能够促进婴幼儿的大脑发育。胎儿在孕晚期的时候有自己的睡眠规律，他们通常会以 20 ～ 40 分钟为一个睡眠周期，大约睡 20 ～ 40 分钟，醒 20 ～ 40 分钟，然后又睡 20 ～ 40 分钟。与其在不合适的时间让胎儿听莫扎特音乐，真不如给他们营造一个安静的睡眠环境。

那么该怎么解释大学生空间能力的得分提高呢？脑电波是一些自发的、有节律的神经放电活动，其频率变动的范围在每秒 1 ～ 30 次之间。根据波段，大脑至少有四种不同的脑电波，即 δ 脑电波、θ 脑电波、α 脑电波、β 脑电波。成年人在极度疲劳、昏睡或者麻醉的状态下，大脑可记录到 δ 脑电波；在刚睡着的时候可记录到 θ 脑电波；在清醒、专注的时候可记录到 α 脑电波；当精神比较紧张、情绪比较激动或者亢奋的时候可记录到 β 脑电波。α 脑电波是最适合学习的脑电波，当人们心情平静或近似冥想的时候，β 脑电波、δ 脑电波和 θ 脑电波就会减弱，α 脑电波相对得到了强化。在测试之前，让学生听莫扎特的音乐，使他们平静下来，实际是协助大脑强化 α 脑电波。α 脑电波是最接近右脑的大脑区域的脑电生物节律，它的强化有利于发挥右脑的能力，所以，在空间想象这类测试中，听了音乐的学生会有更加优秀的表现。

在世界记忆力锦标赛的赛场上，大部分选手都有在赛前听 α 脑电波音乐放松自己的习惯。普通人也可以通过听 α 脑电波音乐快速进入学习状态。α 脑电波音乐的典型曲目有德彪西的《月光曲》、肖邦的《夜曲》、莫扎特的《长笛与竖琴协奏曲》等。

通过对以上三个常识的解析，我们知道，大脑开发要遵循客观的规律，科学有效的方法能够提高我们左、右脑的使用效率，这是提高记忆力的前提。

记忆的决定因素：多感官助力记忆

记忆的天赋基因与功能训练

2016 年，我（李威）参加了一个基因检测项目，检测我是否有记忆方面的天赋。研究人员对我的两个基因位点进行了详细的检测。一个是 BDNF（脑源性神经营养因子）基因，它具有促进早期神经元的再生与分化、维持成熟神经元的存活等生物学功能，是一个与长期记忆有关的神经营养因子基因。另外一个是 KIBRA（肾脑表达蛋白）基因，它的多态性与脑部海马体的功能相关，它能影响海马体的活动强度，进而影响人类的认知水平和情景记忆能力。研究报告提供了天赋的四个等级，即稍差、普通、良好、优秀，我的检测结果均是良好，其中常识记忆的良好水平比普通水平高出 7.5%，情景记忆的良好水平比普通水平高出 10%。

同年，我组织一批成绩优秀的学生进行了该项基因检测。这批学生并没有接触过记忆方法，之前主要通过机械重复的方式来进行记忆。检测发现，他们至少有一个基因属于良好水平。从检测结果来看，我与他们的基因水平差距并不大，但我们实际的记忆能力却有很大的差别，这表明记忆的能力可以通过后天的努力发生变化。

在我们大脑中有个地方叫海马体，主要负责记忆和学习，海马体比较发达的人记忆力相对强一些，而相应的训练能有效增强海马体的功能。

有一项关于伦敦出租车司机的测试显示，海马体可以通过训练变大。

世界上几乎没有哪座城市可以像伦敦那样使 GPS（全球定位系统）陷入混乱，城市的主干道互相之间形成夹角，城市中到处都是单行道，环行交叉路和断头路也是随处可见。伦敦出租车司机的考试一直被认为是世界上最难的考试。为了获得许可并成为一名合格的伦敦出租车司机，参加考试的人员需要了解以查理十字街为圆心、约 9.6 千米半径范围内的所有区域，这些区域内大概有 2.5 万条街道，以及比这个数目还要多的建筑物。

2000 年，科学家马奎尔曾在考试前后，对准备参加考试人员的大脑海马体进行扫描，对比发现，通过考试的人员的海马体后部明显比未通过的大得多。为了排除其他一些因素的干扰，他们将出租车司机和总是走同一条路线的公交车司机进行对比。对比发现，出租车司机的海马体后部明显要比公交车司机的大得多。这表明，海马体后部的变化与导航技能有一定的关系，可以经由长期的技能训练增大，而海马体的变大又可以增强记忆功能。

2014 年，《纽约时报》刊登一则关于伦敦出租车司机的故事。主管考试的机构让出租车司机把主考官带到一尊手里拿着奶酪的两只老鼠雕像面前，这尊雕像只有 0.3 米高，周围全是高耸入云的建筑物。参加考试的出租车司机不仅向主考官说明了这个雕像的位置，选择了最佳路线，还说出了路线上所有街道的名字。由此，可见伦敦出租车司机强大的记忆能力。

记忆类型与记忆方法

除去是否理解要记忆的信息，我们的记忆效果还与四个因素相关：第一个是记忆天赋，第二个是使用的记忆方法，第三个是大脑所处的状态，第四个是记忆的习惯。记忆与天赋有一定的关系，天赋可以通过技能训练得到提高，但这种提高是有限度的，还达不到我们预期的效果。

这里，我们来谈谈记忆方法。学习同一种记忆方法之后，不同的人会有不同的表现，这是因为每个人擅长记忆的类型不同。按照记忆方式的不同，我们可以将记忆分为机械记忆和理解记忆。机械记忆是指通过机械性的重复记住信息，它不需要对记忆的内容进行处理，也不需要与原有的知识进行关联。它就是一种单纯地为了加深认识而进行反复背诵的记忆方式。机械记忆应用的范围比较广，一些没有关联意义或者关联意义不大的材料，比如各种数据、外语单词、地名、人名、习惯用语、电话号码等，都是依靠机械记忆来完成的。机械记忆能力的强弱与记忆天赋直接相关，记忆的天赋越好，机械记忆能力也就越强。在儿童时期，机械记忆是主要的记忆方式。

理解记忆是借助积极的思维活动，在弄清记忆内容的意义、层次结构、本质特征和内在联系的基础上进行记忆。它需要利用我们已有的知识进行新旧知识之间的融合。一个人的知识越丰富，理解记忆的效果就越好。成人主要通过理解进行记忆，本书讲述的记忆方法大部分应该归类于此，只是我们理解的内容不一定是信息之间天然存在的逻辑关系，也有可能是我们平时不太关注的一些联系。

按照记忆内容，我们的记忆又可以分为五种类型。第一种是语义记忆，也叫作词语–逻辑记忆，是根据词语的意思进行的有组织的记忆，也是我们在学习中使用的主要记忆类型。第二种是形象记忆，是对感知事物的形象进行记忆，包括图像、声音等。第三种是情景记忆，是对亲身经历过的，有时间、地点、人物和情节的事件的记忆。第四种是情绪记忆，是对自己体验过的情绪和情感的记忆。第五种是动作记忆，是对身体的运动状态和机能动作的记忆，比如骑自行车、游泳等。

一般来说，后面四种记忆会比语义记忆更加深刻。在语义记忆的过程中，如果能够在大脑中浮现形象、动作、情景，记忆的效果会明显提高。所以，我们在记忆时如果能够充分利用惯用的逻辑分析，又能发挥大脑在形象记忆、情景记忆、情绪记忆和动作记忆方面的优势，通过多感官来进行记忆，就能够实现更好的效果。

实战案例：多感官记忆《你，还在我身旁》

我们以现代诗《你，还在我身旁》为例练习多感官记忆，在识记文字的同时，想象更多的形象、动作、情景或者情绪，争取一遍记下来。

这首诗是香港中文大学“微情书”征文大赛一等奖作品。2005 年，中央电视台将其改编成公益广告。这首诗的大部分话语之间并不存在严格的逻辑关系，如果按照语义进行记忆，需要重复记忆的次数会比较多，而且很容易遗忘或把诗句的前后顺序颠倒。但如果在记忆的过程中加入相应的形象、情景、动作，甚至融入自己的感情，记忆难度就会大大降低。

你，还在我身旁

瀑布的水逆流而上，

蒲公英种子从远处飘回，聚成伞的模样，

太阳从西边升起，落向东方。

子弹退回枪膛，

运动员回到起跑线上，

我交回录取通知书，忘了十年寒窗。

厨房里飘来饭菜的香，

你把我的卷子签好名字，

关掉电视，帮我把书包背上。

你，还在我身旁。

通过分析可以发现，前六句话的内容都是时间倒流，违反了现实生活中正常的逻辑。第一句“瀑布的水逆流而上”，我们可以想到一条逆流而上的瀑布形象，甚至听到瀑布逆流的声音。接下来，我们想象一个情景，逆流而上的水流到瀑布上游小河中，小河的两岸飘满了蒲公英的种子，蒲公英长得像伞一样，所以我们想到了第二句“蒲公英的种子从远处飘回，聚成伞的模样”。

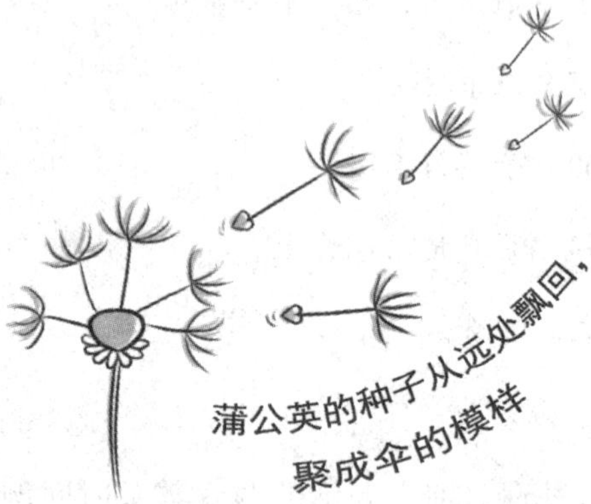

我们接着想象，蒲公英飘啊飘，飘到哪里？飘到太阳升起的地方，看到一轮红色的太阳，但太阳运动的轨迹发生了变化，是从西向东运动，所以我们记住了第三句“太阳从西边升起，落向东方”。这时候我们发现，太阳上居然有一个小黑点，这个小黑点是什么？视线越来越近，原来是一颗子弹，子弹同样是倒着回去的，于是我们想到第四句“子弹退回枪膛”。发令枪一响，运动员就从起跑线上出发了，那么“子弹退回枪膛”对应的就是第五句“运动员回到起跑线上”。

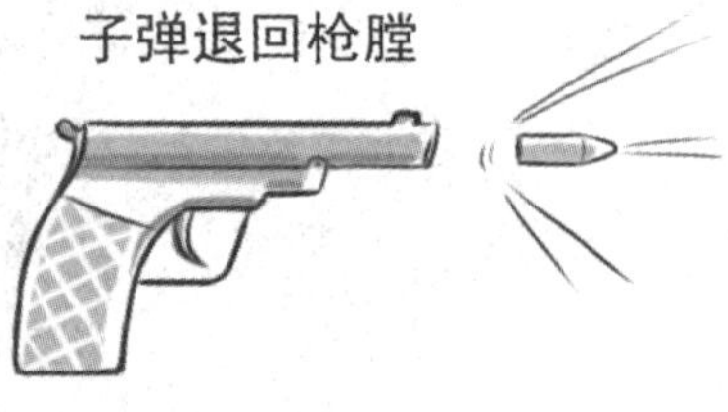

运动员回到起跑线上

我们假设一下，运动员的成绩非常好，破了纪录，有体育方面的特长，拿到录取通知书，当然也付出了十年寒窗的辛苦。按照时间倒流的逻辑，我们想到第六句“我交回录取通知书，忘了十年寒窗”。提到十年寒窗就不得不想到一个人——母亲，母亲平时都是在厨房里面忙来忙去，母

亲做的饭非常香，香味从窗中飘来，所以我们想到第七句“厨房里飘来饭菜的香”。吃完饭后她擦了擦手，生怕在试卷上留下一丁点的污渍，想到这个我们也记住了第八句“你把我的卷子签好名字”。

签好名字之后，母亲默默地走到电视机旁边，关掉电视，拿起书包，帮我背上，这就是第九句“关掉电视，帮我把书包背上”。最后一句话直接点题“你，还在我身旁”。

关掉电视

帮我把书包背上

你，还在我身旁

我们试着把整个情景再回忆一遍。首先看到的是一条逆流而上的瀑布，瀑布上游河流的两岸飘满蒲公英的种子，蒲公英像伞的模样。蒲公英飘啊飘，飘到了太阳升起的地方，看到一轮红日，但是这轮红日是从西边升起，到东方落下。仔细看，发现太阳上有一个小黑点，原来是一颗子弹，子弹退回枪膛，旁边的运动员回到起跑线上。运动员的成绩非常好，交回录取通知书，忘了十年寒窗。透过寒窗看到母亲的背影，同时闻到厨房里飘来的饭香。接下来，看到母亲擦了擦手，在试卷上签好名字，她默默地走到电视机旁，关掉电视，帮我把书包背上，此情此景我多么希望就定格在这一刻，让她还在我身旁。

大家可以测试一下，用这种方法是否能够一次记住这首诗。同时给大家布置一个作业，通过多感官记忆来背诵毛泽东的《沁园春·长沙》。

沁园春·长沙

毛泽东

独立寒秋，湘江北去，橘子洲头。看万山红遍，层林尽染；漫江碧透，百舸争流。鹰击长空，鱼翔浅底，万类霜天竞自由。怅寥廓，问苍茫大地，谁主沉浮？

携来百侣曾游，忆往昔峥嵘岁月稠。恰同学少年，风华正茂；书生意气，挥斥方遒。指点江山，激扬文字，粪土当年万户侯。曾记否，到中流击水，浪遏飞舟！

记忆的四大规律：远离那些记忆的“雷区”

规律一：魔力之七

人的记忆会经历从瞬时记忆到短时记忆再到长时记忆的过程。瞬时记忆也叫作感觉记忆，它保持的信息量特别大，进入感官的所有信息都能形成瞬时记忆。这些记忆处于未经加工的原始状态，它们保持的时间相当短，一般不超过 4 秒，如果不能引起注意，信息很快就会丢失。受到特别的注意或识别后，信息会转成短时记忆。一般而言，短时记忆能保持 10 ～ 20 秒。短时记忆经过重复等方式加深印象就形成长时记忆，保持的时间在 1 分钟以上。

瞬时记忆的容量无限大，那么短时记忆的容量是多少呢？ 1956 年，美国心理学家乔治·米勒发表了论文《神奇的数字 7 ± 2：我们信息加工能力的局限》。论文指出，大脑信息加工的能力限制了短时记忆的广度。经过比较精确的测定，他发现正常的成年人一次记忆的广度大概是 7 项加或减 2 项，多于 7 项内容的记忆效果不会太好，这个规律被称为“魔力之七”，也叫“怪数 7”。这里面的 7，可以指 7 个字符，可以是 7 个汉字，也可以是 7 个词语或成语，甚至是 7 句诗。这个结论在我们生活中有很多的佐证，比如手机号码共 11 个数字，多数人报手机号码时都分为三段——3 个、4 个、4 个数字或者 3 个、3 个、5 个数字。再看看你的银行卡，银行卡号码也是习惯性划分为 4 组，方便你记忆。手机银行的验证码一般是 6 个数字，不会超过 7 个。超过了 7 个，会增加我们短时记忆的难度。

规律二：关于记忆的干扰

我们都有这样的感觉，早上起床后和晚上睡觉前，记忆效果是最好的。为什么会这样呢？除了这两个时间段的精力比较好之外，最主要的原因是没有前、后信息对记忆产生干扰。早上起来，大脑里一片空白，没有前面的信息对记忆产生干扰；晚上，背完就睡觉，没有后面的信息对记忆产生干扰，所以记忆的效果会好一些。

之前网上有传言说，哈佛大学图书馆在凌晨四点半的时候依然灯火通明，学生们都在熬夜学习。后来这个传言被证明是假的，它严重违反了大脑运作的规律，前后效应的干扰会降低记忆的效果，这并不是哈佛大学提倡的学习观念。

这个规律被应用在学校的教学过程中。学校的课程一般是一堂课 40 ～ 45 分钟。一天安排不同的课，是为了避免同类信息的干扰而导致记忆效果降低。在平时的学习中，我们也应该灵活安排作息，交叉学习不同的内容。

规律三：左脑和右脑具有各自的优势

左脑和右脑具有各自的优势。如果我们能够像前文记忆《你，还在我身旁》这首诗时那样，利用左脑的逻辑分析优势找出前后文之间的联系，同时利用右脑的形象思维优势呈现清晰的连续性场景，那么记忆的效果就会更好。

规律四：记忆的遗忘先快后慢

很多人知道艾宾浩斯遗忘曲线，但却不知道艾宾浩斯总结的关于记忆的四个结论。

第一个结论是没有意义的材料更难记忆。艾宾浩斯记住了80个没有意义的音节，发现所使用的时间是记忆80个有意义音节的9倍。这就提醒我们，在学习的时候，要将没有意义的材料转化成有意义的材料，以降低记忆的难度，我们会在后面详细讲解具体的转化方法。

第二个结论是分散学习的效果比集中学习好。艾宾浩斯发现，12个音节组成的音节组，如果集中时间记忆的话，要反复68次才能记下来；而如果分散时间记忆的话，只要反复35次就可以记下来。这个规律在英语学习中特别有用，尤其是记单词，我们不应该在单个单词上集中重复过多的次数，而是将单词分组后再进行重复，这样效果会更好一些。

第三个结论是遗忘的规律是先快后慢。对于没有意义的内容，当时记住，一个小时之后大概会忘记56%，一天之内大概会忘记66%。我们要学会合理复习，尽量在学完一个小时内和一天之内进行两次复习，这样记忆的效果会更好。

第四个结论是内容之间越有联系，遗忘的比率会越低。当我们通过多感官方法把《你，还在我身旁》记下来之后，遗忘的速度会比机械记忆遗忘的速度慢很多。

通过对以上四个规律的理解，我们发现，如果将较长的内容灵活分组，将知识变得有趣、有联系，同时充分发挥左、右脑的特点进行分散记忆，并按照先密后松的方式进行复习，就一定能够提高我们记忆的效率。

实战案例：记忆西湖十景

2016年，G20（二十国集团）峰会在杭州召开。国人对杭州的美景特别向往，我们就来尝试记忆杭州西湖的“十景”。

三潭印月、柳浪闻莺、雷峰夕照、南屏晚钟、花港观鱼、
苏堤春晓、断桥残雪、平湖秋月、曲院风荷、双峰插云

第一种方法是按照逻辑的方式进行归类分组。我们可以用四个词概括这十处景观，分别是四季、数字、花鸟和夕晚。“四季”包括春天的苏堤春晓，夏天的曲院风荷，秋天的平湖秋月，冬天的断桥残雪。“数字”包括双峰插云和三潭印月。“花鸟”包括花港观鱼和柳浪闻莺。“夕晚”包括雷峰夕照和南屏晚钟。由于分的组数不超过七个，每一组的内容也不超过七个，没有违背“魔力之七”的规律，所以会比较容易记忆。

上述方法虽有助于记忆，但要对每一个景点有详细的了解，才能准确分组记忆。如果对景点认识不多的话，我们还可以利用右脑的想象力优势进行记忆。我（李威）把十个景点的名字进行转化，然后编在一段旅途中。

早上，我在刚苏醒的堤上欣赏风景，情不自禁地背起《春晓》，对应着“苏堤春晓”。两边的堤岸上是一排又一排的柳树，微风吹过柳枝形成波浪一样的形状，耳边听到黄莺鸣叫的声音，对应的是“柳浪闻莺”。柳叶掉落到花港里，在岸边可以观看鱼咬柳叶的情景，对应“花港观鱼”。鱼看到游客，吓得游到曲曲折折的院子里，躲到被风吹倒的荷叶下面，对应的景点是“曲院风荷”。院子后面有两座巨大的山峰，山峰高耸插入云霄，对应“双峰插云”。傍晚时分，双峰脚下的雷峰塔在夕阳的照耀下十

分美丽，对应“雷峰夕照”。在雷峰塔的南边，我看到一块巨大的石屏，上面挂着巨大的金钟，夜晚降临的时候响起了钟声，对应着“南屏晚钟”。出了院子，平静的湖面上有一轮圆圆的秋月，对应的景点是“平湖秋月”。在湖的旁边有三处深不见底的水潭，里面都印着月亮的倒影，对应“三潭印月”。连接西湖和三个水潭的是断桥，在月光的照耀下，断桥仿佛覆盖着残雪一样发出清冷的光，对应最后一个景点“断桥残雪”。

现在，按照刚才讲述的情景进行复原，从早上堤上背诗想到了“苏堤春晓”，看风吹柳树想到“柳浪闻莺”，由掉落的柳叶想到“花港观鱼”，鱼跑到哪里了？我们想到“曲院风荷”。院子后面有什么，有“双峰插云”。在山峰的脚下，我们看到“雷峰夕照”，雷峰塔旁有“南屏晚钟”。钟声响起，月亮就出来了，我们看到“平湖秋月”。湖的旁边有三处水潭，那是“三潭印月”。水潭和湖中间连着的断桥，想到“断桥残雪”。这样，是不是就很容易记下这十个景点了呢？

记忆力的最佳伙伴：观察、想象、联想

观察与想象

很多人会发现，跟随前文的描述，记忆相关内容比较容易，但自己单独运用记忆方法时，就会出现问题，比如很难找到信息的特点、不能进行合理想象、大脑中无法出现对应的场景等。这就彰显了观察与想象的重要性。

观察是人类智力结构的重要基础，是思维的起点。人们从外界接触到的信息中 80% 以上是通过观察获得的，可以说，观察是智力活动的门户，也是聪明大脑的眼睛。没有较强的观察力，任何人都难以达到智力的高水平。生物学家达尔文曾说过，我既没有突出的理解力，也没有过人的机智，只是在发现那些稍纵即逝的事物并对其进行清晰观察的能力上，我可能在众人之上。没有观察，智力发展就像树木没有土壤、江河湖海没有水源一样，失去了根本。歌德也曾经说过，思考比了解更有趣，当然远不及观察。

观察的发展也离不开思维的进步。人们认识事物是由观察开始的，进而到注意、记忆和思维。观察是认识的出发点，又借助思维进行提高。有位哲人说过，不愿看的人比盲人更瞎。生活中有很多因为观察不足导致的麻烦，比如脸盲症和认路障碍。虽然分不清面孔和道路与记忆天赋有一定的关系，但是观察不足也是其重要原因。大多数有脸盲症和认路障碍的人都没有建立观察面目特征和道路特征的意识，也没有掌握相关的观察技巧。没有特意去记住别人的长相特征或道路特点，那怎么可能记得住呢？观察能力并非是与生俱来的，可以在学习中培养，在实践中锻炼。好的观察能力，既包括良好的观察意识，也包括合理的观察方法。

在一场有40位心理学家参与的会议上，忽然有一个人冲进会场，另一个手持短枪的黑人紧追而入，两个人当场搏斗起来，一声枪响之后，两个人又都跑了出去，这个紧张的场面仅仅持续了20秒。接着，会议主持人要求在场的心理学家回忆刚刚经历的这一惊险场面。在这40个人的描述报告中，有36个人没有发觉黑人是光头。心理学家的观察力相对较强，甚至比较精准，但是这次为什么有这么多的人有失水准呢？这是因为心理学家们事先没有思想准备，他们既没有明确的观察目的，也没有任何观察计划，所以对黑人是光头这一重要的信息视而不见。这一事实说明，要进行有效的观察，必须有明确的观察目的和清晰的观察意识。俄国著名的生理学家巴甫洛夫在实验室的墙上贴着几个醒目的大字“观察、观察、再观察”，以此提醒自己要时刻保持观察的意识。

根据不同的标准，常见的观察方法有全面观察和重点观察，在自然状态下观察和在实验中观察，长期观察、短期观察和定期观察，正面观察和侧面观察等。无论哪种观察方法，有两点都特别重要，一是观察的全面性，二是观察的深入性。

全面性是指观察要涵盖被观察事物的各个方面，不能遗漏。深入性是要找到事物的不同部分之间的联系，或者该事物与其他事物的典型区别，有时甚至需要进行从实到虚的想象来辅助观察。

我（王昱珩）的专业是美术，观察是我们的基本功之一。在训练自己的静态观察能力时，我会从简单事物到复杂事物逐级训练。最开始，我们观察一朵花儿、一棵草、一片树叶、一个苹果等。把它放在能够被清晰观察到的地方，选择自己舒服的方式，集中注意力注视，自然地眨眼。为什么说眨眼呢？每眨一次眼就像摁下相机快门，事物的形象被大脑拍照下来。注视它约 1 分钟，之后闭上眼睛，在脑海中勾勒出你刚才看到的东西，细节越多越好。睁开眼睛看看，然后再闭上眼睛回忆补充细节。这么反反复复地练习，你就能看到很多细节，也可以记住很多细节。

这种练习的要点是不断改变注视的焦点，尽可能多地发现物体不同部分的特征。可以在同一环境中观察形状或颜色类似的物体，也可以把同一个物体置于不同的环境中进行观察。完成对单一物体的观察后，尝试观察多样物品。

以上是静态观察，动态观察是什么呢？小时候，我爸妈带我去动物园，每次回来，爸妈都会说，你能不能把今天看到的东西都画来？于是，我画出整个动物园的鸟瞰图，或者把我走过的路线像迷宫一样完完整整地画出来。

很多不同职业的人都在训练自己的观察力。美国作家乔·纳瓦罗曾任美国联邦调查局干员长达 25 年，是反间谍情报小组的行为分析专家，退休后成为美国知名的扑克牌教练。他的著作《牌桌上的阅人术》《别对我说谎》《教你破解语言密码》等以众多的细节观察为特色。他练习观察力最有效的方法之一就是回想游戏，这种方法可以在任何时候、任何地方练习。走进一个房间之后，闭上眼睛，尽可能回忆看到的东西，越详细越好。

北宋的文与可和清代的郑板桥都以画竹闻名，但是两个人观察竹子的方式却大相径庭。文与可曾经在自己的住所周围种了各种各样的竹子，一年四季观察，比较不同竹子之间、同一竹子不同时间的不同姿态，因而对各种竹子在不同季节的状态有透彻的了解，提笔作画的时候胸有成竹。郑板桥在观察竹子的时候却是另外一番情景，他晨起看竹，晨光、日影、露气，皆浮动于疏枝密叶之间，胸中勃勃遂有画意。胸中之竹并不是眼中之竹，其眼中之竹已经是经过典型化的胸中之竹。郑板桥选择在早晨这一特定的时间段观察竹子，对竹子的感受自然与文与可不同。

在实际应用时，我们可以从音、形、意三个方面观察记忆的内容。李威第一次见到我的时候，不会读我名字中的“珩”字，他就从这个字的音形找特点，这个字的读音和平衡的衡相同，字形是“王”加“行”。他进行一个想象：一个姓王的人在前面行走得特别慢，是为了保持平衡。这样，他就记住了这个字的写法和读音。

在记忆人的名字，特别是一些不太熟悉的外国人名字时也可以进行这种观察。英国的诗歌之父叫杰弗里·乔叟。我们可以音的角度找特点，杰弗里，可以谐音为“街道、府里”，乔可以谐音为“憔”，叟就是老头。那么，杰弗里·乔叟就像街道或者官府里一个憔悴的老叟。提到英国诗歌之父，就可以先去想象这样一个形象的人物。

通过观察力的练习，我们也能够成为观察敏捷的人。有时候碰到朋友或者认识一些新朋友，我会从很多细节来观察他，然后判断他是不是这样或那样。通常情况下，朋友会很吃惊，你好厉害，你怎么知道的？其实，我就是观察到很多细节而已。将这种观察的练习慢慢转换成一种习惯，你会发现别有趣味。

想象与联想

在普通心理学中，想象是人在头脑里对已存储的事物表象进行加工改造，形成新形象的心理过程。想象是以已知为基础，但又突破已知，有很多创造性。爱因斯坦说想象比知识更重要，因为知识是有限的，而想象概括着世界上的一切，是知识进化的源泉。

我平时喜欢画一些花鸟鱼虫，在画之前我会在脑中想象不同大小、不同形状、不同颜色、不同种类、不同数量的花鸟鱼虫的形象，力图做到形象清晰、特点鲜明，这样画的时候效率会更高一些。

在旅途中，看到美丽的风景，我会对此进行音乐想象。那么，听不同音乐的时候，我的大脑里就会呈现出一幅幅不同的画面，想象自己在音乐所营造的世界里遨游。

如果读一段文字或者诗歌时，能够想象出比较清晰的画面，并且将这些画面按照一定的空间或时间的顺序进行联系，就能达到很好的记忆效果。比如，白居易的《琵琶行》里写道“大弦嘈嘈如急雨，小弦切切如私语。嘈嘈切切错杂弹，大珠小珠落玉盘”，这是他对琵琶旋律进行的雨景想象。后面还说到“银瓶乍破水浆迸，铁骑突出刀枪鸣。曲终收拨当心画，四弦一声如裂帛”，这是他对另一旋律进行的沙场征战想象。对不同文字进行不同的想象，是帮助记忆的重要方式。

联想是从一个事物、概念、方法、形象想到另外一个事物、概念、方法、形象的心理活动。比如，提到太阳，我们能联想到太阳能热水器、太阳能电池等。联想可以分为发散式联想和连锁式联想。发散式联想是由某东西联想到与它相关的东西，越多越好；连锁式联想是由 A 想到 B，由 B 想到 C，再由 C 到 D，依此类推。比如，由蝴蝶我们想到蝴蝶效应，由蝴蝶效应想到龙卷风，由龙卷风想到暴雨，由暴雨想到洪水，由洪水想到村庄，由村庄想到农田，等等，可以一直持续下去。

在遇到不容易记忆的信息时，我们可以利用发散式联想找它的特点，然后利用连锁式联想建立知识之间的联系。前文提到观察力的音、形、意三个角度，这些角度也适用于发散式联想。从音的角度进行发散式联想，可以从谐音、汉语拼音（以下简称“拼音”）、汉语拼音缩写（以下简称“拼音缩写”）等方面进行。从形的角度进行发散式联想，可以从相似、对比、夸张、文字顺序的调换（或增加、减少）等方面进行，比如形状、颜色、大小等相似，大小和数量形成对比等。从意的角度进行发散式联想，一般可以从用图、类别、属性、典型代表物、因果逻辑等方面进行。

连锁式联想的基本形式是配对联想法，为了更容易进行配对联想，我们可以通过四种方式建立事物间的联系。

第一种方式是用因果逻辑或共同点建立联系。比如，宋代著名女词人李清照，号易安居士。可以这么想，李清照能比其他的女性取得更大的成就，是因为她容易有安全感，所以号易安居士。当然这有可能是胡说八道，但是这么一联想，就容易记住了。

第二种方式是用动作建立联系。动作既可以是物体本身自带的，也可以是经过想象加工的。比如，“唐宋八大家”之一的苏轼，字子瞻。可以想成，苏轼对孩子很严格，孩子常站着瞻仰他，听他训话，所以字子瞻。

第三种方式是通过中间纽带建立联系。比如，李白号青莲居士。我们都知道李白喜欢喝酒，可以将酒作为中间纽带，李白喝的酒是用青色的莲子酿成的，所以号青莲居士。当然你也可以用其他方式，比如你联想成李白是一个喜欢养植物的人，天天在家养花儿，那些花儿像青莲一样，所以号青莲居士。

第四种方式是合二为一。比如，著名的史学家班固，字孟坚。你可以将名里的“固”与字里的“坚”合二为一，组成“坚固”。这样，也就容易记住了。

在联想的过程中，如果能够充分发挥左脑在逻辑思考方面的比较优势和右脑在形象思维方面的比较优势，记忆和回忆就容易得多。大家对发挥逻辑思考能力容易理解，那么该如何发挥形象思维能力呢？在我们联想的过程中，尽量让想象的物体多一些色彩、多一些动作，更加立体，充分调动我们的视觉、听觉、嗅觉、触觉等多种感官，增添一些自己能接受的荒诞和夸张成分，注意产生联想物体之间的先后和空间顺序。如果能做到以上这些，你的联想内容一定会在大脑中保持更长的时间。

攻克记忆难题：配对联想法与串联法

配对联想法

生活中，我们常见到一些信息，它们一一对应，两个内容是成对出现的。当这种对应关系出现并重复次数比较少，或者存在一些生僻字，或者有其他的干扰时，记忆就很不稳定，会给我们带来很大的困扰。下面，我们来学习配对联想法，帮助解决这一类信息的记忆问题。

首先，以国家首都为例。大部分人都知道韩国的首都是首尔，我们听到的次数实在太多了，但是尼泊尔的首都是哪个城市，估计大部分人都不知道，因为听到的次数太少，而且这个城市的名字对于中国人来说没有太多的意义。

该如何记忆下列国家的首都呢？

韩国的首都：首尔

尼泊尔的首都：加德满都

菲律宾的首都：马尼拉

柬埔寨的首都：金边

缅甸的首都：内比都

我们首先由国家出发，寻找国家的代表特征，或者看国家的名字是否可以通过谐音等方式进行转化，然后再寻找首都城市的代表特征，或者看首都的名字是否可以通过谐音的方式进行转化，最后找到两边信息或转化之后信息的联系。

韩国的首都是首尔。一提韩国，我们就想到韩国的泡菜，而首尔通过谐音转化，我们可以想到“熟了的木耳”，然后建立联系，我们就会想到泡菜里面有熟了的木耳，于是想到韩国就想到它的首都首尔。

尼泊尔，经过谐音，我们可以想到“泥巴做的钵儿”，唐僧拿着泥巴做的钵儿。加德满都这个城市，经过谐音可以想到“加得蛮多”，然后可以想象，唐僧有一天化缘回来特别高兴，因为他的泥钵儿里面加得蛮多。这样，你是不是想到尼泊尔，就能想到它的首都加德满都呢？

菲律宾的首都是马尼拉。菲律宾通过谐音转化，我们可以想到“非礼宾客”；马尼拉，可以谐音为“骂你啦”。当你要非礼宾客的时候，别人是不是会骂你啦？通过这样的联系，我们想到菲律宾，就想到它的首都马尼拉。

柬埔寨的首都是金边。柬埔寨，顾名思义可以想象成一个看起来很简朴的寨子，但是走近一看，发现它所有的边框都是用金做成的。这样，想到柬埔寨，就能想到它的首都金边。

缅甸的首都是内比都。我们可以将缅甸谐音为“面店”，店里到处都是面粉的粉尘，粉尘进入眼睛，眼睛就会流泪。我们将内比都谐音为“泪比多”，就是眼泪比较多的意思。这样，提到缅甸，我们就会想到面店，想到面粉进入眼睛，眼泪比较多，自然而然就想到内比都。

从以上举例，我们可以发现，原本没有什么特点的对应关系，如果能找到它们的特点并予以联想，就可以使用较少的重复记忆次数达到更优的记忆效果。当发现机械记忆不奏效的时候，你可以试一下配对联想法。

串联记忆的三种方法

一一对应的信息可以用配对联想法加深记忆，但我们常遇到多个相对孤立的信息需要记忆，比如超市购物清单。如何记忆这些互相孤立的信息呢？下面，我们来学习串联记忆法。

第一种方法叫作直接串联法。顾名思义，就是把互相孤立的信息通过一定方式直接串联起来。

我们以超市购物清单为例来讲解这个方法。

> 牙膏、番茄酱、猪肉、餐巾纸、电池、水杯、洗洁精、圆珠笔、拖把、袜子、可口可乐、土豆、刮胡刀、方便面、牙签

上述信息比较难记，一方面因为它不符合魔力之七的规律，另一方面各个信息间没有直接联系。但如果你掌握直接串联的方式，它就不是那么麻烦了。

我们一起来想象一个场景：牙膏里面挤出来的不是牙膏，而是番茄酱。我想把番茄酱挤到猪肉上面，结果弄得满手都是，赶紧用餐巾纸擦擦。擦完，顺手将餐巾纸扔到一个装废弃电池的桶里。废弃电池桶里有很多的大型干电池，最大的就像水杯一样，据说它外面的化学物质和洗洁精混合之后，能够擦除圆珠笔留下的印迹。在清除圆珠笔印迹的时候，不小心把地板弄脏了，要用拖把来擦。我发现拖把的布有些少，于是用袜子代替。干

完活，坐下喝一瓶可口可乐。喝可口可乐一般都要配薯条，薯条是用土豆制作的，但是土豆没有去皮，于是用刮胡刀来削皮，削下来的土豆皮长长的且弯弯曲曲，像方便面一样。吃完薯条后，再用牙签来剔牙。

根据这个故事，是不是就可以记住购物清单上的这些信息了呢？

用这种方法，我们也可以记住中国的十大古典悲剧。

《窦娥冤》《赵氏孤儿》《精忠旗》《清忠谱》《桃花扇》《汉宫秋》《琵琶记》《娇红记》《长生殿》《雷峰塔》

我们把它们直接串起来变成：窦娥冤极了，心里很不舒服。赵氏孤儿送给她一面精忠旗，在上面写着清忠谱，窦娥回赠他一把桃花扇，上面有汉宫秋天的美景。赵氏孤儿又给她弹起了琵琶，她感到娇羞并且脸红起来。他们一起手牵手跑进了长生殿，最后爬上了雷峰塔。

利用直接串联法，我们可将这些信息一环套一环，想象成相关的形象，这样就会有利于记忆。

第二种方法叫作抽字串联法，这一方法要求对孤立的信息有很好的了解。通过这一方法，我们可以记住金庸的十四部代表作品。

《飞狐外传》《雪山飞狐》《连城诀》《天龙八部》《射雕英雄传》《白马啸西风》《鹿鼎记》《笑傲江湖》《书剑恩仇录》《神雕侠侣》《侠客行》《倚天屠龙记》《碧血剑》《鸳鸯刀》

从每一个代表作品中抽取一个字，组成两句话“飞雪连天射白鹿，笑书神侠倚碧鸳。”。

我们还可以用这种方法记忆清朝的皇帝。常看电视剧，大家可能会比较熟悉康熙、雍正、乾隆，其他的皇帝是谁，他们的前后顺序又是什么呢？

顺治、康熙、雍正、乾隆、嘉庆、道光、咸丰、同治、光绪、宣统

清军入关之后顺利得到天下，第一位是顺治皇帝。其他九个皇帝，每三人成一组，把第一个字提取出来，就成了“康雍乾、嘉道咸、同光宣”，然后谐音成“康用钱、加道咸、铜光宣”。什么意思呢？你可以想成康熙坐在龙椅上抓把铜钱，对旁边的小太监说加一道咸菜。满身散发铜光的小太监立刻对着殿外大声宣布“加道咸菜”。这就是“康用钱、加道咸、铜光宣”。

使用这种记忆方法的时候，要注意需要记忆的信息是否有顺序要求，比如清朝十位皇帝不可以调换顺序，但为了方便抽字记忆，可以调整金庸武侠小说的顺序。

第三种方法叫作故事串联法，就是用一个故事把要记忆的知识串联起来。比如，秦灭六国的顺序。

韩、赵、魏、楚、燕、齐

有人将其谐音成“喊赵薇去演戏”，也有人利用谐音编成故事：喊（韩）着照（赵）着胃（魏）部去（楚）了一刀，于是这个人咽气（燕、齐）了。

找到适合的记忆方法，选择正确的记忆策略

有很多朋友问我们，有没有一种记忆方法能够适用于所有的记忆内容呢？实际上，没有最好的记忆方法，只有最合适的记忆方法。

不同类型的信息可以有不同的记忆方法。

首先，单一信息的记忆。我（李威）上次用手机软件打到一辆出租车，它的车牌号是粤 B7F95D。这个车牌号非常普通，粤 B 代表的是深圳，后面五位代码由数字和字母随机组成，没有什么规律。但我还是找出一些特点：7F，我想象成欺负；95，可以想成 95 年出生的；D 代表小弟弟。整个车牌号就变成一句很有意思的话：欺负 95 年出生的小弟弟。这样，我就不用反复拿出手机来看。对于单一的信息，要善于观察与想象，从中找出方便记忆的特点。

其次，一一对应信息的记忆。任何一个一一对应的信息都是由对应的两部分组成的，我们的方法就是找到两边各自的特点，然后把它们联系起来。比如，单词 abandon 有抛弃、放弃、放纵的意思。该如何记忆这个单词呢？我先提供四种方式。

第一种方式把它拆分。abandon 是由 aband + on 组成的，再把 aband 拆分成 a + band，a band 是乐队的意思，on 是在上面。拆分后的这三部分可以想成，一个乐队在上面，抛弃一切规则、放纵地演出。

第二种方式，band 是一个词根，代表的是布条、布袋，有约束的意思；a 是一个前缀，想成“不”的意思；on 是一个后缀，用于修饰。所以，abandon，不约束，不把它包起来，就引申为放弃、放纵的意思。

第三种方式，我们可以把ab想象成阿爸，因为阿爸的拼音首字母是ab，中间是and，最后是on。我就想成阿爸和谁在上面放纵演出，抛弃一切规则。

第四种方式，有些人习惯从声音的角度来分析，abandon听起来像“恶板凳”，一个发出恶臭的板凳当然会被人放弃、抛弃。

再者，少量或中等量信息的记忆。我们经常出门忘带东西，有人忘记带钥匙，有人忘记带身份证，等等。我总结了一下，出门的时候大概有六样东西要带在身上的：第一，身份证；第二，手机；第三，钥匙；第四，充电线或充电宝；第五，雨伞；第六，钱包。如果从每样东西中抽出来一个字，就变成“身、手、钥、电、伞、钱”，谐音听起来就像“伸手要点散钱”。一到门口，你就想我要伸出手要点散钱，然后就想到了身份证、手机、钥匙、充电线或者充电宝、雨伞、钱包，这样是不是就可以把它们都记住呢？这种方法只是记忆方法中的一种，像这样少量或中等量信息的记忆，大概有十几种方法，后面会一一道来。

最后是大量信息的记忆。我家门口有个地铁站，这条地铁线路是深圳的三号线，它总共有30个站点。很多人坐这条地铁线超过一年，却总记不全这30站的站名，总会有一些遗漏。这些站名数量多，相互间没有逻辑关系，确实不符合人的短时记忆规律。现在，我用一种编故事的方式来理解和记忆。

双龙、南联、龙城广场、吉祥、爱联、大运、荷坳、永湖、横岗、塘坑、六约、丹竹头、大芬、木棉湾、布吉、草埔、水贝、田贝、翠竹、晒布、老街、红岭、通新岭、华新、莲花村、少年宫、福田、购物公园、石厦、益田。

这个故事是这样的：首先要有两条龙，对应双龙站。两条龙艰难地联系在一起，对应南联站。它们来到自己的老家龙城广场，对应龙城广场站。龙城广场上挂着很多条幅，呈现一种吉祥热闹的景象，对应吉祥站。吉祥站这个地方的人特别爱联系，对应爱联站。他们爱联系的结果就是相约去大学生运动会的场馆，对应大运站。在场馆里，他们给优秀的运动员喝彩，为他们感到骄傲，喝彩的喝、骄傲的傲，联系起来谐音变成荷坳站。之后，他们去一个永远都清澈的湖里游泳，对应的地铁站叫作永湖站。

去这个湖要经过一座横着的山岗，对应横岗站。横岗的两边有很多池塘和水坑，对应塘坑站。这些池塘和水坑是怎么产生的？哦，原来有六个人相约在一起，对应六约站。他们拿着竹子做的锄头挖出这些池塘和水坑，竹子做的锄头对应竹头，也就是丹竹头站。挖池塘很累，他们拿出大瓶的芬达喝，对应大芬站。喝完芬达之后会打嗝，有气体出来，把木棉花的树枝吹弯了，对应木棉湾站。工作完，他们也不急着回去，对应布吉站。他们想先休息一下，于是把草铺开，对应草埔站。在铺草的过程中，他们发现地上到处都是在挖塘和坑的时候从水里捞上来的水贝，对应水贝站。水贝被扔到田地里，就成了田贝，对应田贝站。田地的两岸到处都是翠绿的竹子，对应翠竹站。他们把汗湿的布衣服搭在翠绿的竹子上晾晒，对应晒布站。

晒干了衣服，休息好之后，他们来到一个很老的街市，对应老街站。老街的两边是山岭，其中一边的山岭上的土是红色的，对应红岭站。另一边的山岭是用通心粉堆积而成的，对应通新岭站。山岭中间有一条路非常光滑而且特别新，对应华新站。沿着这条路往前走，就能到达一个有很多莲花的小村庄，对应莲花村站。莲花村旁边有很多儿童在玩耍，他们来自少年宫，对应少年宫站。少年宫中一派祥瑞的景象，为什么呢？因为它建筑在一片很有福气的田地上面，对应福田站。这块福田上不仅有少年宫，还有很多购物的建筑，组成了购物公园，对应购物公园站。购物公园中有一座石头做的大厦叫石厦，对应石厦站。石厦旁边还有一片田地是空着的，对应益田站。用这种方法，就把这 30 个地铁站串起来了。

通过前面的这些例子，我们可以知道，不同类型的信息有不同的记忆方法，我们要根据实际情况，灵活选择最合适的记忆方法。前面讲到的配对联想法和串联法能够解决我们绝大部分的记忆内容。但它们也有各自的适用范围和局限性。

配对联想法适合一一对应信息的记忆。比如，汉字的字音和字形、易错词语、英语单词的记忆、各类文学和百科知识的记忆、历史年代的记忆、人名的记忆等。由于它的方式是找到两边信息的特点再联系起来，所以它不太适合较多信息的记忆。需要记忆大段文章的时候，配对联想法是很难发挥作用的。

串联法可以解决大部分的记忆问题。抽字串联法，适合少量信息的记忆，核心要点是根据记忆信息的特点，从每个要点里抽取一个字或者关键词，再把它们串联起来进行记忆。由于抽取的是部分信息，这就要求我们对要记的每个信息都比较熟悉，这样才能够通过抽取的字或者词语提示完整的记忆内容。

直接串联法适用于少量信息的记忆，它要求每两个互相联系的信息必须像锁链一样紧密地联系在一起。直接串联时，可以没有中心的主旨，但每一环的联系都要紧密，如果记忆的时候脑中能呈现形象的场景，效果会更好。

故事串联法是用一个清晰的故事记忆各个信息要点，要求编撰的故事必须具备逻辑性，对编故事的能力要求比较高。

第二章

记忆宫殿法则：带你穿越记忆的迷宫

记忆宫殿法之“地点定桩法”

记忆宫殿法来自于古罗马。古罗马的贵族为了能够准确记住大量内容，会将它们合理分组，然后依次与他们熟悉的房间建立联系。这些房间按照顺序排列，逐渐形成一座宫殿，所以这种记忆大量内容的方法叫作记忆宫殿法。该方法由传教士利玛窦传入中国，逐渐为我们所熟知。

记忆宫殿法有三个步骤：第一步找到一系列按顺序排放的物体或信息做参考物，第二步将要记忆的大量内容进行合理分组，第三步将分组后的信息与有顺序的物体依次建立联系。

为什么这种方法会比较有效呢？因为短时记忆遵循魔力之七的规律，要突破这一规律来记忆大量内容就需要不断重复。如果我们将所记忆的内容分组并与有顺序的物体依次建立联系，这样既可以发挥右脑在形象空间方面的优势，又可以发挥左脑在逻辑思考方面的优势，不需要重复太多次数，而记忆的效果会更好。

地点定桩法，是世界记忆力锦标赛和《最强大脑》节目中绝大部分记忆项目都会使用到的记忆方法，在实际的生活和学习中的应用非常广泛。

我们首先使用这一方法来记忆中国的十大名著。

《红楼梦》《水浒传》《三国演义》《西游记》《镜花缘》《儒林外史》《封神演义》《聊斋志异》《官场现形记》《东周列国志》

中国十大名著定位图

上图是一幅客厅的场景。在图片里，我们按顺时针的方向找到十个地点的十个物体，分别是门、台灯、画、沙发、茶几、地毯、电视柜、电视、花瓶、厨房的台阶。

接下来我们将十大名著依次与这些地点建立联系。第一个地点是门，对应的名著是《红楼梦》。可以想成门上挂一幅红色楼房的画像，或者想成贾宝玉推门进来。

第二个地点是台灯，对应的是《水浒传》。可以想成台灯的灯泡上有很多水雾，于是变得很模糊，水糊，谐音后转化成《水浒传》。

第三个地点是画，对应的是《三国演义》。可以想成画上插着一把羽扇，那是诸葛亮的羽扇，所以看到画就想到扇子，然后想到诸葛亮和《三国演义》。

第四个地点是沙发，对应的是《西游记》，可以想到沙发上躺着猪八戒，于是想到了《西游记》。

第五个地点是茶几，对应的是《镜花缘》。茶几特别干净，上面是玻璃面板，像镜子一样，但是被刮花了，留下一个圆形的印迹，所以茶几对应《镜花缘》。

第六个地点是地毯，对应的是《儒林外史》。我们都读过《范进中举》，可以想成范进得知中举后，在地毯上撒泼打滚，像疯了一样。《范进中举》就来自《儒林外史》。

第七个地点是电视柜，对应的是《封神演义》。可以想成电视柜上贴着一张封条，还写着“神”字，这样就可以想到《封神演义》。

第八个地点是电视，对应的是《聊斋志异》。可以想成电视正在播放妖魔鬼怪的故事，或者电视里突然钻出来一只狐狸。用这种方式，我们就可以想到《聊斋志异》。

第九个地点是花瓶，对应的是《官场现形记》。可以想成花瓶上面映照着一个官府，把花瓶拿下来之后，官府就现出原形。所以一想到花瓶上的官府，就能想到《官场现形记》。

第十个地点是厨房的台阶，对应的是《东周列国志》。越过这个台阶之后往右走，我们就在房间里走了一圈，像周游列国一样，那么就能想起《东周列国志》。

在回忆的时候，我们可以按照地点顺序依次想到它们对应的名著。从门对应《红楼梦》，到台灯对应《水浒传》，到画对应《三国演义》，到沙发对应《西游记》，到茶几对应《镜花缘》，到地毯对应《儒林外史》，到电视柜对应《封神演义》，到电视对应《聊斋志异》，到花瓶对应《官场现形记》，再到台阶对应《东周列国志》，这样我们就把内容全部回忆起来了。

使用地点定桩法时要注意，脑中一定要呈现清晰的形象，这是利用右脑的形象记忆能力在记忆。你既要想到文字，也要想到相应的形象，这样记忆效果才会更好。很多记忆大师花非常多的时间来练习这种方法，就是为了提高自己的形象思维能力。

这种方法除了用来记忆一些孤立的信息之外，也可以用来记诗歌，比如曹植的《飞龙篇》。

飞龙篇

曹植

晨游泰山，云雾窈窕。忽逢二童，颜色鲜好。

乘彼白鹿，手翳芝草。我知真人，长跪问道。

西登玉台，金楼复道。授我仙药，神皇所造。

教我服食，还精补脑。寿同金石，永世难老。

《飞龙篇》定位图

《飞龙篇》有八句诗，我们使用大院图，按照顺时针的方向找出八个地点。第一个是花篮，第二个是长椅，第三个是树，第四个是石头，第五个是车轮，第六个是花瓶，第七个是门，第八个是窗户。然后，我们将这些地点依次与诗歌建立联系。

第一个地点是花篮，我把花篮想象成泰山，泰山上有很多的云雾，还站着一位窈窕的淑女，所以想到第一句诗“晨游泰山，云雾窈窕”。

第二个地点是长椅，想象长椅上面坐着两个儿童，面色鲜艳，特别好看，对应的就是“忽逢二童，颜色鲜好”。

第三个地点是树，想象树下站着一只白色的鹿，还有很多灵芝和仙草，于是我们想到“乘彼白鹿，手翳芝草”。

第四个地点是石头，左边石头上面坐着一位真人，右边石头旁跪着一个求仙问道的人。对应的是“我知真人，长跪问道”。

接下来是车轮，想象成车轮旁边有一个玉做的台阶，沿台阶就可登上金色的楼房，另一边还有一条相同的、重复的道路，对应着“西登玉台，金楼复道”。

下一个地点是花瓶，花瓶里面装满了仙药，而这个花瓶是神圣的皇上命人制造的。对应的句子是“授我仙药，神皇所造”。

接下来，来到门旁。想象有一个人推门出来，告诉我应该怎样服食仙药，从而让我精力充沛、大脑更聪明。对应的句子是“教我服食，还精补脑”。

最后一个是窗户，虽然窗户是由木头做的，但是它的寿命却和金石一样长，永世都难以老化。对应的句子是“寿同金石，永世难老”。

重复几遍后，看着图片，按照顺时针顺序，我们就可以把整首诗复诵下来。

在记忆大量的有连续性的内容时，地点定桩法特别有效，有人用这种方法记住了整本《论语》或《易经》，甚至一些大部头的著作。这种方法回忆的线索是相关的地点，所以我们要了解找地点的“黄金五法则”。

第一个法则是熟悉。我们记忆时常使用生活中熟悉的地方，比如自己的家里、学校、常去的公园等。如果要记忆大量内容，就需要储备大量的地点，这些大量的地点可以在自己熟悉的环境里找，也可以到其他环境中找，但要确保自己能够将这些地点记下来。

第二个法则是顺序。所有的地点既可以按照顺时针方向排序，也可以按照逆时针方向排序。这些地点最好能够连成一条不会交叉的线，而且这条线最好是曲线，上下错落，不在一个水平面上。如果所有的地点都在一个水平面上，我们回忆的时候，就容易有所遗漏。

第三个法则是特征。每个地点都要有突出的特征，相同的两把椅子不要都作为地点，如果都作为地点的话，一定是要对它们有所区分。比如，把一把椅子的靠背作为地点，把另外一把椅子的椅子角作为地点。

第四个法则是适中。地点图的大小最好适中，太小看不清楚，太大又看不全，而且太大的话，回忆细节的时间就会比较长，会导致我们回忆和提取信息的速度下降。两个地点间的距离也要适中，太远容易断裂，太近则容易混淆。

第五个法则是固定。如果你找的地点是会移动的，比如以一只跑动的小狗作为地点，在回忆的时候，因为地点不固定，提取信息就有可能遗漏。

记忆宫殿法之“人物定桩法”

人物定桩法就是找到一系列顺序不变的人物，然后与要记忆的知识进行一一对应。这些人物比较典型，如竹林七贤、建安七子、唐宋八大家、西游记人物、家庭的成员等。接下来，我们通过两个案例来学习这种方法。

第一个案例是记忆社会主义荣辱观的“八个为荣，八个为耻”，总共有八句话：

以热爱祖国为荣，以危害祖国为耻；
以服务人民为荣，以背离人民为耻；
以崇尚科学为荣，以愚昧无知为耻；
以辛勤劳动为荣，以好逸恶劳为耻；
以团结互助为荣，以损人利己为耻；
以诚实守信为荣，以见利忘义为耻；
以遵纪守法为荣，以违法乱纪为耻；
以艰苦奋斗为荣，以骄奢淫逸为耻。

我们找八个人物，以家庭成员为例，爷爷、奶奶、外公、外婆、丈夫、妻子、儿子、女儿。然后，一个人物对应一句话。

第一个是爷爷。爷爷那一辈的老人非常崇拜毛主席，非常爱国，所以爷爷对应的是“以热爱祖国为荣，以危害祖国为耻”。

第二个是奶奶。奶奶服务了一大家子的人，每个人都特别感激她，所以奶奶对应的是“以服务人民为荣，以背离人民为耻”。

第三个是外公。把外公想象成科学家，所以他对应“以崇尚科学为荣，以愚昧无知为耻”。

第四个是外婆。外婆是家庭中的重要人物，既要照顾好外公，也要哺育子女，她一直在辛勤地劳动，所以她对应“以辛勤劳动为荣，以好逸恶劳为耻”。

第五个是丈夫。丈夫是家里的顶梁柱，他要团结所有的人，让所有人都能互帮互助，所以丈夫对应的是“以团结互助为荣，以损人利己为耻”。

第六个是妻子。妻子掌管家庭财政，有一次在“双 11”活动时把信用卡刷爆了，但是她还是诚实地向丈夫坦白了这件事，而且很守信用，按时还上了信用卡的欠款，所以妻子对应“以诚实守信为荣，以见利忘义为耻”。

第七个是儿子。都说“穷养儿子，富养女儿”，儿子虽然穷，但是有做人的底线，他遵纪守法，所以儿子对应“以遵纪守法为荣，以违法乱纪为耻”。

第八个是女儿。女儿虽然要富养，但是新时代的女性有拼搏和独立意识，愿意艰苦奋斗，所以女儿对应“以艰苦奋斗为荣，以骄奢淫逸为耻”。

将你要记忆的内容，与你所熟悉的系列人物一一建立联系，找到记忆的内容和人物的结合点，这样你就能顺利记住了。

我们再来看另一个案例，徐志摩的《再别康桥》。

再别康桥

徐志摩

轻轻的我走了，
正如我轻轻的来；
我轻轻的招手，
作别西天的云彩。

那河畔的金柳，
是夕阳中的新娘；
波光里的艳影，
在我的心头荡漾。

软泥上的青荇，
油油的在水底招摇；
在康河的柔波里，
我甘心做一条水草！

那榆荫下的一潭，
不是清泉，是天上虹；
揉碎在浮藻间，
沉淀着彩虹似的梦。

寻梦？撑一支长篙，
向青草更青处漫溯；
满载一船星辉，
在星辉斑斓里放歌。

但我不能放歌，
悄悄是别离的笙箫；
夏虫也为我沉默，
沉默是今晚的康桥！

悄悄的我走了，
正如我悄悄的来；
我挥一挥衣袖，
不带走一片云彩。

这首诗的内容非常优美，但背起来比较困难，会漏掉一些语句或前后混淆。但如果你熟悉人物定桩法，就能很容易地把它记下来。

这首诗有七段，我们锁定《西游记》里面的七个人物，依次是如来佛、观音、唐僧、孙悟空、猪八戒、沙和尚和白龙马，接下来我们将人物与诗歌一一对应进行联想。

第一段对应的人物是如来佛。如来佛有什么特点？我们常看到关于如来佛的大型雕塑，一般来说都比较重，但是如来佛却可以“轻轻的我走了，正如我轻轻的来”。他要去哪里？当然是去西天，或者从西天去其他的地方，所以“我轻轻的招手，作别西天的云彩”，如来佛竖起来一只手轻轻地挥挥，跟他熟悉的西边的云彩道别。这样，我们就记住了“轻轻的我走了，正如我轻轻的来；我轻轻的招手，作别西天的云彩”。

第二位是观音。在《西游记》里，观音像新娘，头戴白纱，手中持着一个净瓶，净瓶里放着杨柳的枝条。观音净瓶里的杨柳枝，对应“那河畔的金柳”。观音，对应“夕阳中的新娘”。净瓶里的水有倒影，对应“波光里的艳影”。净瓶中的水在轻晃，于是我的心头也在荡漾。这样，就可以对应起“那河畔的金柳，是夕阳中的新娘；波光里的艳影，在我的心头荡漾”。

第三位是唐僧。有时候唐僧不骑马，自己走路。想象唐僧突然踩到了软泥上的青荇，因为青荇特别油，油油地在水底招摇。唐僧摔跤了，正好跌进康河的柔波里，与水草缠在了一起，于是他甘心做一条水草。所以，对应的诗句是“软泥上的青荇，油油的在水底招摇；在康河的柔波里，我甘心做一条水草”。

第四位是孙悟空。榆荫谐音成“鱼鹰”。“那榆荫下的一潭”，可以想成原本站在孙悟空金箍棒上的鱼鹰，下进水潭里。接着的“不是清泉，是天上虹”可以想成，这潭水不是清泉，是天上虹。鱼鹰钻到水底下，身影揉碎在浮藻间，在这些浮藻的最底下，沉淀着彩虹似的梦。所以这段话是“那榆荫下的一潭，不是清泉，是天上虹；揉碎在浮藻间，沉淀着彩虹似的梦”。

第五位是猪八戒。猪八戒的兵器是一根钉耙。“寻梦？撑一支长篙”，猪八戒想找他的梦中情人，于是撑了一支长篙，这个长篙就是他的兵器钉耙。他用钉耙去拉青草，慢慢地向青草更青处出发。等回来的时候，船里装满了星星，他很开心，在星辉斑斓里唱歌。这一段对应的是“寻梦？撑一支长篙，向青草更青处漫溯；满载一船星辉，在星辉斑斓里放歌”。

第六位是沙和尚，沙和尚很老实，默不作声，所以他对应的是“但我不能放歌”。猪八戒可以大声唱歌，但沙和尚却只是悄悄拿起了别离的笙箫。笙箫里住着一只夏虫，夏虫没有鸣叫，它也是沉默的，它陪着沙僧慢慢地走到康桥上面。所以，对应的诗句是“但我不能放歌，悄悄是别离的笙箫；夏虫也为我沉默，沉默是今晚的康桥”。

最后一个是白龙马。马蹄走在地上发出“嗒嗒”的声音，像在敲地面，你就可以这样想，“悄悄（敲敲）的我走了，正如我悄悄（敲敲）的来”。这就与最开始“轻轻的我走了，正如我轻轻的来”区别开了。取经成功后，白龙马变成了龙王太子，飞升上天，挥一挥衣袖，不带走一片云彩。对应最后的诗句“悄悄的我走了，正如我悄悄的来；我挥一挥衣袖，不带走一片云彩”。

记忆宫殿法之“身体定桩法”

身体定桩法，就是把身体部位与记忆内容建立联系。身体定桩法有三个步骤：第一步是在身体上找到一些部位，第二步是将记忆的内容分组，第三步是将分组之后的内容与身体部位一一进行联系。

在找部位的过程中，大家可以闭上眼睛想象或者实际触摸一下。第一个部位是头发，大家摸摸头发。第二个是眼睛，揉揉眼睛。从眼睛处往后一捋，摸到我们的耳朵，第三个是耳朵。第四个是鼻子，第五个是嘴巴，第六个是脖子，第七个是肩膀，第八个是手肘，第九个是手掌，第十个是肚子，第十一个部位是屁股。大家有没有发现，我们很容易就记下这十一个部位，因为它们具有内在联系，符合大脑的记忆习惯。

对记忆内容平均分组可能比较难进行想象，所以通常进行不平均的分组，根据身体的具体部位分配不同数量的信息。

接下来，我们用身体定桩法来记忆十八罗汉。

> 芭蕉罗汉、长眉罗汉、看门罗汉、挖耳罗汉、骑象罗汉、笑狮罗汉、开心罗汉、欢喜罗汉、沉思罗汉、降龙罗汉、伏虎罗汉、布袋罗汉、探手罗汉、举钵罗汉、托塔罗汉、过江罗汉、静坐罗汉、坐鹿罗汉。

第一个身体部位是头发，想到头发上有一把芭蕉叶一样的扇子，像济公那样，就想到了芭蕉罗汉。

第二个身体部位是眼睛，眼睛上面有长长的眉毛，而且眼睛还一直盯着门看，所以对应两个罗汉：长眉罗汉和看门罗汉。

第三个身体部位是耳朵，对应挖耳罗汉，这个很容易记住。

第四个身体部位是鼻子，十八罗汉里有一个叫作骑象罗汉，骑着大象，大象的鼻子特别特别长，所以鼻子对应的是骑象罗汉。

第五个身体部位是嘴巴，嘴巴笑得像狮子大开口，对应笑狮罗汉。他为什么笑起来？因为他非常开心，特别欢喜，所以嘴巴又对应开心罗汉和欢喜罗汉。

第六个身体部位是脖子，我们思考的时候常常歪着脖子，所以脖子对应沉思罗汉。

第七个身体部位是肩膀，黑社会的人喜欢在肩膀上文着青龙和白虎，所以肩膀对应两个罗汉：降龙罗汉和伏虎罗汉。

第八个身体部位是手肘，手肘挎着一个布袋，所以手肘对应布袋罗汉。

第九个身体部位是手掌，手掌突然探出去了，对应探手罗汉。左手举着钵，右手托着塔，对应举钵罗汉和托塔罗汉。

第十个身体部位是肚子，可以想象有个白白净净的罗汉露着肚子，准备蹚水过江，江水淹没到肚子这个地方，所以肚子对应过江罗汉。

第十一个身体部位是屁股，屁股用来安安静静地坐在某个地方，所以对应静坐罗汉。他到底坐在哪里呢？他坐在一只鹿上，所以对应坐鹿罗汉。

用这种身体定桩法，你就可以轻松地记住了这十八位罗汉。

记忆宫殿法之“标题定桩法”

标题定桩法，顾名思义，就是把要记忆的内容与其标题的关键字一一建立联系。

下面我们以记忆《南京条约》的主要内容为例进行说明。

《南京条约》的主要内容

割香港岛给英国。

赔款 2100 万银圆。

开放广州、厦门、福州、宁波、上海五处为通商口岸。

中国须与英国商定英商进出口货物缴纳的税款。

我们可以把这四项主要内容和标题的“南京条约”这四个字依次建立联系。比如，割香港岛给英国对应“南”字，因为香港位于中国南部；或者，割香港岛给英国，这是一件特别让人难受的事。

第二条，赔款 2100 万银圆。将数字 2100 拆成“2+100”，想成两个 100 元人民币。怎么和“京”字对应起来呢？我们可以想成，北京前门城楼上贴着两张 100 元的人民币。

第三个“条”字对应的是开放广州、厦门、福州、宁波、上海五处为通商口岸。这五处通商口岸用抽字串联法就变成了“广厦福宁上”，谐音成“广下福宁上”，也就是“广州往下，福宁往上”。这“条”顺口溜很容易把五处通商口岸记下来。

最后一个“约”字，对应的是英商进出口货物缴纳的税款，这个款项，中国须同英国商定。商定，就是一种约定。

这样，我们就可以把条约的主要内容与标题一一建立联系。这个时候，标题就有提示作用了。

我们再看下面这个内容稍微长一点的例子。

原始社会半坡氏族时期的社会生活情况

普遍使用磨制石器，使用磨制石器的时代叫作新石器时代，他们还使用弓箭。

原始农业已有发展，种植粮食粟。我国是最早培植粟的国家，已学会养猪狗鸡牛羊。

已使用陶器。

已学会建造房屋，过着定居的生活，已形成村落。

我们先从标题里选四个关键词，原始社会、半坡氏族、氏族时期、社会生活、生活情况都是四个字，但最能表达其核心意思的四个字是“半坡氏族”，所以我们抽取这四个字。

“半”字对应“普遍使用磨制石器，使用磨制石器的时代叫作新石器时代，他们还使用弓箭”。“半”字怎么与这三点建立联系呢？我可以想象石器被磨成了一半，这时普遍使用石器，进入新石器时代。关于“使用弓箭”，弓一般只有一个半圆形，也是与“半”相关。所以，通过“半”字，我们就很容易记住以上内容。

“坡”对应的是“原始农业已有发展，种植粮食粟。我国是最早培植粟的国家，已学会养猪狗鸡牛羊”。这里面的“坡”可以想成一面斜坡，在斜坡上种植粮食粟。丰收的时候，猪狗鸡牛羊就在半坡上吃粮食。这样，我们就通过“坡”字，把这两点记下来了。

“氏”对应的内容是“已使用陶器”。我们可以想象，以前的陶器上都刻着很多文字，原来是用来记录所有人姓氏的。这样就可以建立联系，一想到姓氏就想到它刻在陶器上面。

最后一个字是“族”，它对应的内容是“已学会建造房屋，过着定居的生活，已形成村落”。这三点是逐层递进的关系，只有先学会建造房屋，有了房屋，才能过定居的生活。定居的人越来越多，就形成了村落。“族”字让我们想到，村落里住着同一种族的人，这也能够建立起联系。

标题定桩法关键在于，一定要在标题里找到合适的字。这些字如果比较抽象，可以先组成形象的词语或者进行谐音转化，让它们变得比较形象。然后，要让它们与要记忆的内容建立稳固的联系。如果记忆的内容比较多，你可以尝试从中找具有代表性的字词，让其与标题里的关键字词建立联系。回忆时，通过标题里的关键字词，想到具有代表性的字词，进而想起较多内容的知识。

记忆宫殿法之“数字定桩法”

数字定桩法，就是将数字与所记内容建立联系，根据数字提示，回忆起所记的内容。我（李威）曾使用“数字定桩法”把整本《道德经》倒背如流，还记住了“三十六计”、世界上所有的国家、《水浒传》中的一百零八将等，这种方法非常实用。

使用数字定桩法，有三个步骤：第一步是将数字转化成特定的编码。第二步是将要记忆的大量内容进行合理分组。第三步是将特定的编码与分组后的内容依次建立联系。

对数字进行编码普遍有三种方式。第一种方式是谐音，这些数字读起来像什么，比如13读起来像医生。第二种是象形，这些数字形状像什么，比如10中的1像棒子，0像球，所以10编码为棒球。第三种是看意义。将20编码为香烟，是因为一包香烟有20支。

下表所示是我们常用的编码，大家可以按照自己的习惯建立各自的编码。在编码过程中，大家要灵活运用谐音、象形和意义进行编码，编码的物体最好是显而易见的，能够在大脑中清晰呈现形象，这样记忆起来会方便且快速。

数字	编码	数字	编码	数字	编码	数字	编码	数字	编码
1	树	2	鹅	3	耳朵（弹簧）	4	帆船	5	钩子
6	哨子（勺子）	7	镰刀	8	葫芦（眼镜）	9	淋浴头	10	十字架（棒球）
11	筷子	12	婴儿	13	镊子（医生）	14	钥匙	15	鹦鹉
16	石榴	17	放大镜（仪器）	18	泥巴（腰包）	19	衣钩（药酒）	20	香烟
21	鳄鱼	22	双胞胎	23	耳塞	24	时钟	25	二胡
26	水管（河流）	27	耳机	28	荷花（恶霸）	29	鹅脚	30	三棱镜
31	鲨鱼	32	扇儿	33	勺子（闪闪）	34	网球拍（扇死）	35	山虎（珊瑚）
36	山鹿	37	山鸡	38	妇女	39	香蕉（三角）	40	司令
41	死鱼	42	柿儿	43	石山（死神）	44	蛇（嘶嘶）	45	师傅
46	饲料	47	方向盘（司机）	48	石板	49	湿狗（狮狗）	50	武林（五环）
51	拖把（劳动节）	52	鼓儿	53	火山	54	舞狮	55	火车（呜呜）
56	蜗牛	57	锥子（武器）	58	鸡毛掸（尾巴）	59	蜈蚣	60	六十大寿
61	儿童（儿童节）	62	牛儿	63	流沙	64	螺丝	65	尿壶
66	蝌蚪（形状）	67	油漆	68	喇叭	69	太极图（形状）	70	麒麟
71	机翼（鸡翼）	72	企鹅	73	漆伞	74	骑士	75	西服
76	汽油	77	玫瑰（七夕）	78	西瓜	79	气球	80	铁塔（巴黎）
81	白蚁	82	板儿	83	花生	84	巴士	85	金元宝（宝物）
86	八路	87	白棋	88	人民币（发发）	89	芭蕉	90	酒瓶
91	球衣	92	球儿	93	救生圈	94	首饰	95	酒壶
96	酒炉	97	酒旗	98	球拍	99	乌龟（狮狗）	100	链条

下面，我们以曹操的《短歌行》来学习如何使用数字定桩法。

短歌行

曹操

对酒当歌，人生几何！
譬如朝露，去日苦多。
慨当以慷，忧思难忘。
何以解忧？唯有杜康。
青青子衿，悠悠我心。
但为君故，沉吟至今。
呦呦鹿鸣，食野之苹。
我有嘉宾，鼓瑟吹笙。
明明如月，何时可掇？
忧从中来，不可断绝。
越陌度阡，枉用相存。
契阔谈讌，心念旧恩。
月明星稀，乌鹊南飞。
绕树三匝，何枝可依？
山不厌高，海不厌深。
周公吐哺，天下归心。

为了方便记忆，我将这篇古诗分为八组，每组两句。然后，将这些内容与每组对应的数字的特定编码建立联系。

第一个组的数字是 1，编码是树。我们可以想象成这个“对酒当歌，人生几何”的感慨是在一棵树下发生的。一个人靠在树下感叹人生，树上的朝露滴在他的身上，他感慨失去的日子实在是太多了。这就是“对酒当歌，人生几何！譬如朝露，去日苦多”。

第二组的数字是 2，编码是鹅。我们可以想象成一只烧鹅被很慷慨地赠给了你，上面的油脂让你特别难忘。除了吃烧鹅，还要喝酒。何以解忧呢？唯有杜康酒才能解除心中的哀愁。这就是“慨当以慷，忧思难忘。何以解忧？唯有杜康”。

第三组的数字是 3，编码是耳朵。第三段的内容是“青青子衿，悠悠我心。但为君故，沉吟至今”。青青子衿可以想象成青色的衣领盖住了耳朵，从 3 的编码耳朵就可以想到“青青子衿，悠悠我心”。我们知道，沉吟发出的声音一般都比较低，靠近耳朵才能听清。所以，也就能想到“但为君故，沉吟至今”。

第四组的数字是 4，编码是帆船。它对应的内容是“呦呦鹿鸣，食野之苹。我有嘉宾，鼓瑟吹笙”。这个场景发生在哪里呢？正好发生在数字 4 的编码帆船上面。可以想象成，鹿在帆船上面呦呦地欢鸣着，啃着绿色的植物。我的嘉宾也坐在帆船上，鼓着瑟、吹着笙。

第五组的数字是 5，编码是钩子。它对应的内容是“明明如月，何时可掇？忧从中来，不可断绝”。可以想象成一个钩子钩住了明亮的月亮，再假设明月里面有一个油壶，钩子戳破了油壶，有油滴出来，那就是“忧（油）从中来”，滴出来的油不可断绝，那就是“不可断绝”。

第六组的数字是 6，编码是哨子。它对应的内容是“越陌度阡，枉用相存。契阔谈讌，心念旧恩”。“越陌度阡，枉用相存”，指的是远方的宾客踏着田间小路，屈驾前来探望我。可以想象成，他们欢乐地吹着哨子，跨过田间小路来看我。从哨子里面吹出来的气息形成特别开阔的景象，让人想到“契阔谈讌，心念旧恩”。

第七组的数字 7，编码是镰刀。它对应的内容是“月明星稀，乌鹊南飞。绕树三匝，何枝可依？”可以想象成一把镰刀把树上的枝杈砍掉，乌鹊在树旁绕来绕去，不知道在哪个地方可以停歇下来。透过砍秃的树枝，我们还可以看到月明星稀。于是，我们想到这四句话“月明星稀，乌鹊南飞。绕树三匝，何枝可依？”

第八组的数字 8，编码是葫芦。它对应的内容是“山不厌高，海不厌深。周公吐哺，天下归心”。表达的意思是高山不辞土石才见巍峨，大海不弃涓流才见壮阔。我愿如周公一般礼贤下士，愿天下的英杰真心归顺于我。我们来想一想，山特别高，形状像葫芦一样；海特别深，这个大葫芦似的高山都不能插到深海的海底。周公吐哺是一个典故，周公正在吃饭时，有贤者来拜访，周公立刻把嘴里的饭吐出来，去迎接贤者，以表示对贤者的尊重。我就想象成周公把饭吐到葫芦里面，于是天下归心。这样由数字 8 就可以想到“山不厌高，海不厌深。周公吐哺，天下归心”。

在回忆过程中，我们只需要按照 1，2，3，4，5，6，7，8 这 8 个数字的顺序及其编码来回忆。1 让我们想到树下发生的场景，想到了“对酒当歌，人生几何！譬如朝露，去日苦多”。2 让我们想到鹅，想到慷慨赠送烧鹅的事，于是想到了“慨当以慷，忧思难忘。何以解忧？唯有杜康”。3 让我们想起耳朵，耳朵被一件青领的衣服盖住了，于是想到“青青子衿，悠悠我心。但为君故，沉吟至今”。4 让我们想到帆船上的事情，船上有鹿在吃草，还坐着很多宾客，他们在演奏，所以想到了“呦呦鹿鸣，食野之苹。我有嘉宾，鼓瑟吹笙”。5 让我们想到钩子钩住了明月，钩漏了油壶。于是想到“明明如月，何时可掇？忧从中来，不可断绝”。6 让我们想起了哨子，远方的宾客在田间的小路吹哨子，哨子里出来的气息特别开阔。于是想到“越陌度阡，枉用相存。契阔谈讌，心念旧恩”。7 让我们想到了镰刀，用镰刀砍掉很多枝杈，乌鹊围着树枝绕了很多圈，也不能停留下来，透过树枝可以看到夜空，于是就能想到“月明星稀，乌鹊南飞。绕树三匝，何枝可依？”8 让我们想到葫芦，像葫芦一样的高山，无法插到深海的海底，周公把食物吐到葫芦里，于是就想到“山不厌高，海不厌深。周公吐哺，天下归心”。

与前面的各种定桩记忆法一样，数字是我们回忆的主要线索，因此要注意在数字编码与记忆内容之间建立紧密联系，这样才能依据数字回忆出内容。

记忆宫殿法之“熟词定桩法”

熟词定桩法，是将记忆的内容进行合理分组后，与我们所熟悉的字词依次建立联系。

有人用这种方法把《辞海》《牛津高阶英汉双解词典》等都背了下来，还有人用这种方法把整本《论语》倒背如流。《论语》有 20 篇，每一篇有十几段到几十段不等，段与段之间没有严格的逻辑关系或者先后顺序，所以容易混淆或前后颠倒。但用熟词定桩法就可以解决这个问题。

下面我们就用《论语》第一篇“学而第一”的部分内容来举例熟词定桩法的应用。

《论语·学而第一》

孔子

子曰：“学而时习之，不亦说乎？有朋自远方来，不亦乐乎？人不知而不愠，不亦君子乎？”

有子曰：“其为人也孝弟，而好犯上者，鲜矣。不好犯上，而好作乱者，未之有也。君子务本，本立而道生。孝弟也者，其为仁之本与？”

子曰：“巧言令色，鲜矣仁。”

曾子曰：“吾日三省乎吾身。为人谋而不忠乎？与朋友交而不信乎？传不习乎？”

子曰："道千乘之国，敬事而信，节用而爱人，使民以时。"

在记忆"学而第一"之前，我们先找一首耳熟能详的诗，比如唐代诗人孟郊的《游子吟》，取用其中的第一句"慈母手中线"。接下来，将这五个字依次与"学而第一"的每一段建立联系。

第一段是，子曰："学而时习之，不亦说乎？有朋自远方来，不亦乐乎？人不知而不愠，不亦君子乎？"意思是，孔子说，学习知识并能时常温习和练习，不是令人愉快的事情吗？有志同道合的人从远方来，不是很令人高兴吗？别人不了解我，我也不怨恨、不恼怒，不也是一个有德行的君子吗？

这段文字对应"慈母手中线"中的"慈"字。"慈"是非常抽象的字，我们把它扩充成慈祥的爷爷。慈祥的爷爷经常教导我：学习之后要经常复习和练习；如果不会，你可以和远方来的朋友进行交流，这是一件很快乐的事情；如果你的朋友不理解你，你也不要怨恨，要做一个有德行的君子。由一个"慈"字想到慈祥的爷爷，再想到爷爷教导我的三句话，就想到了"学而时习之，不亦说乎？有朋自远方来，不亦乐乎？人不知而不愠，不亦君子乎？"在这里，"慈"字就是一条线索，提示我们这一段文字的主要内容。

接下来看第二段，有子曰："其为人也孝弟，而好犯上者，鲜矣。不好犯上，而好作乱者，未之有也。君子务本，本立而道生。孝弟也者，其为仁之本与？"意思是，有子说，孝顺父母，顺从兄长，却喜好触犯上层统治者，这样的人是很少见的。不喜好触犯上层统治者，却喜好造反的人是没有的。君子专心致力于根本的事务，根本建立了，治国做人的原则也就有了。孝顺父母、顺从兄长，这就是仁的根本。这一段对应的字是“母”字，我们把它扩充为母亲。母亲贤良淑德，在家会孝敬父母，尊敬兄长，很少与人发生冲突，尤其不会冒犯上层统治者，她专心致志地做自己擅长的或者最根本的事情，讲求原则，这个原则就是仁。于是，由“母”字，我们就能想到对应的这段文字。

第三段内容稍微短一点，子曰：“巧言令色，鲜矣仁。”孔子说，花言巧语、装出和颜悦色的样子，这种人的仁心就很少了。这一段对应的字是“手”。我们想到花言巧语的时候捂住嘴巴，怕别人听到了，同时脸上还有奇怪的表情，这种人很少会有仁慈的心。于是，由“手”，我们便能想到“巧言令色，鲜矣仁”。

第四段是，曾子曰：“吾日三省乎吾身。为人谋而不忠乎？与朋友交而不信乎？传不习乎？”曾子说，我每天多次反省自己，为别人办事是不是尽心竭力了？同朋友交往是不是做到诚实可信了？老师传授给我的学业是不是复习了？这段话对应的字是“中”，可以把它扩充为中午，在中午午休之前，我反省一下自己，为别人办事是不是尽心尽力，与朋友交往是不是诚实可信，老师传授给我的学业有没有复习。于是，由“中”字就想到对应的这段文字。

第五段是，子曰：“道千乘之国，敬事而信，节用而爱人，使民以时。”孔子说，治理一个拥有一千辆兵车的国家，就要严谨认真地办理国家大事，恪守信用，诚实无欺，节约财政开支而又爱护官宦臣僚，役使百姓时不耽误农时。这一段对应的是最后一个字“线”。可以把线扩充为线路，一个有千辆兵车的国家肯定要有准确的线路用来行兵打仗。这条线路也可以扩充为做事的标准，也就是“敬事而信，节用而爱人，使民以时”。于是，由“线”字，我们就可以想到对应的这段文字。

将“慈母手中线”这五个字，与《论语·学而第一》的前五段进行联系，背诵时，想到这五个字也就能想到对应的五段内容。

使用熟词定桩法时，找一首熟悉的诗或者一句熟悉的话，与记忆内容建立联系是非常重要的。这句话里的字最好不要重复，形象的字最好也多一点。这些字怎样与一整段话建立联系，是有很多技巧的，首先需要你在脑海中呈现出该字相应的形象，然后以字或由字转换的词语为线索，与全文内容相联系。在记忆一些特别长的文章或政治、历史、法律、地理等大段内容的问答题的时候，我们都可以用到熟词定桩法。这一方法需要大家经常练习，才能做到熟能生巧。

记忆宫殿法之“配图定位法”

配图定位法适用于内容不是特别长但是场景感比较强的记忆。它有三个步骤：第一步是根据记忆的主题选择一幅相关的图片。第二步是将记忆内容进行合理分组，并依次与图片内容按照顺序建立联系。第三步是记忆完成后，再按照一定的顺序进行回忆和还原。接下来，我们以记忆《马关系约》的主要内容为例进行说明。

《马关条约》的主要内容

中国割让辽东半岛、台湾岛及其附属各岛屿、澎湖列岛给日本。

赔偿日本2亿两白银。

开放沙市、重庆、苏州、杭州为通商口岸。

允许日本在中国的通商口岸投资办厂。

首先，由“马关”直接想到一匹马被关起来或被拴起来。我们在网上找到一幅与此相关的图，如下图所示。

《马关条约》配图

然后，将所要记忆的四点内容按照顺序与这幅图建立联系。

第一条，割让三个岛屿，我们把它简称为“割三岛”，它对应的是马的后蹄、肚子和前蹄。对于辽东半岛、台湾岛及其附属各岛屿、澎湖列岛这些岛屿，可以用抽字串联法，各抽出一个字成“辽台湖”，谐音成“辽阔的太湖”，这样就把这三个岛屿记下来了。

第二条，赔偿日本2亿两白银。图片中，马前蹄的地面上有很多白色的小花，这些白花就像散落在地上的白银。白银有多少两呢？马的前蹄是两只，就想到2亿两。

第三条，关于通商口岸。图片中，在马嘴的方向，远方有一个房子，由房子就可以想到通商口岸。沙市、重庆、苏州、杭州这四个城市，抽字变成“苏、杭、重、沙”，想象成苏州和杭州是由特别重的沙子堆积成的。

最后一条，是在通商口岸投资办厂。图片最左边是一条绳子，这条绳子大约半米长，谐音成“办厂”。

最后，我们再对照图片进行还原，就可以记住这四点了。

使用配图定位法时要注意：第一，你选择的图必须与主题相关，要记忆的信息最好在图中都有体现。第二，记忆的时候要把精简的信息、最核心的提示语与图中物体建立联系，这些物体最好按照一定顺序或方向排列。第三，如果有些信息无法完美匹配，你可以通过自己加插画等方式满足需求。

第三章

单词宝典：你不得不知的英语单词超强记忆法

单词记忆秘籍：熟词＋字母编码法

2015年，我（申一帆）在一周之内完成了点背449页的GRE单词。点背就是你问任何一页的第几个单词，我都能告诉你是什么单词，包括单词的拼写和意思，相当于把整本单词书装进脑袋里，可以在脑海里翻页，随时随地地提取和复习。2017年元旦，我升级了自己的记忆系统，在3天内完成了484页的雅思考试单词的点背。如果大家也能掌握这套记忆体系并用来记忆《牛津高阶英汉双解词典》，我敢说用不了半年你就能完成记忆。当然不是所有人背单词都需要点背，记下来页数和顺序等。我只是想以这种形式告诉大家，记忆方法以及记忆体系有多大的威力，如果不用记忆方法是不可能做到点背的。

练习记忆法就像练武功，同样一个招式看上去很相似，有的人打出来能排山倒海，有的人打出来却是软弱无力，里面有很多门道。我第一次点背GRE单词的时候也走过不少弯路，第二次点背雅思考试单词的时候很多地方都会比以前更厉害了。

在进入主题之前，我想先给大家看一组有意思的图片。第一张图片是西瓜，还是UFO（不明飞行物）呢？第二张图片是茄子，还是企鹅呢？第三张图片是辣椒，还是海马呢？第四张图片是洋葱，还是热气球呢？

这一组图片都非常有意思，会给人留下非常深刻的印象，仔细观察，稍加思考就会发现，这组图片其实利用了物体的颜色、形状等相似的特征，从而把两个物体联系起来。比如西瓜的形状像UFO，洋葱的形状像热气球等。正是这些夸张、奇特的想象力使我们的印象更加深刻，甚至达到过目不忘的效果。

如果我们记忆其他信息，比如英语单词的时候，能不能也用夸张、奇特的图像和联想的方法建立起信息之间的联系，把相关信息变成生动、有趣或者离奇、夸张的故事场景，从而使我们的记忆印象更加深刻，甚至过目不忘呢？答案当然是肯定的。

字母编码法正是将信息转换成图像编码的方法。我们首先把26个英文字母进行编码，编码的方式可以是象形、英语缩写、汉语拼音、字母发音等。字母a，我们可以想到由字母a打头的单词苹果apple，所以看到字母a就想到苹果。字母b，根据字母发音可以想到写字用的笔，也可以想象一个小男孩boy。字母c，根据象形的方式，c像月亮或者圆蛋糕。

字母 d，根据字母发音可以想象成笛子、弟弟，也可以想象成狗 dog。字母 e，根据汉语拼音可以想象成一只鹅。字母 f 的发音像斧头的斧，我们就把它想象成一把斧头。字母 g，根据汉语拼音可以想象成哥哥或者鸽子。字母 h，根据象形的方式，可以把它想象成一把椅子，也可以想象成头发 hair。字母 i，根据象形的方式，我们想象成一支点燃的蜡烛。字母 j，根据象形的方式，可以想象成一个鱼钩。字母 k，根据象形的方式，可以想象成一把机关枪。字母 l，根据象形的方式，我们可以把它想象成一根木棍。字母 m，我们可以把它想象成汉堡或者薯条，因为金拱门（原麦当劳）的 LOGO（标识，徽标）是一个 m，或者根据象形的方式把 m 想象成一座拱桥。字母 n，根据象形的方式，可以想象成一扇门。字母 o，根据象形的方式，可以想象成一个鸡蛋或任何圆形的东西。字母 p，根据象形的方式，可以想象成一面旗子。字母 q，我们可以想象成一只企鹅，因为腾讯 QQ 的标志是一只企鹅。字母 r，根据象形的方式，我们可以想象成一棵小草或胚芽。字母 s，根据象形的方式，我们可以想象成一条蛇，或者想象是一个 s 型身材的美女。字母 t，根据象形的方式，我们可以想象成一把伞。字母 u，根据象形的方式，我们可以想象成一块 u 型磁铁。字母 v，根据象形的方式，可以想象成一把 v 型的镊子。字母 w，根据象形的方式，可以想象成一顶王冠或者一道水波。字母 x，根据象形的方式，可以想象成一把剪刀。字母 y，根据象形的方式，可以想象成一把弹弓或者一个树杈。字母 z，根据象形的方式，可以想象成一道闪电。

字母	编码	字母	编码
a	苹果	n	门
b	笔、小男孩	o	鸡蛋、圆形的东西
c	月亮、圆蛋糕	p	旗子
d	笛子、弟弟、狗	q	企鹅
e	鹅	r	小草、胚芽
f	斧头	s	s 型身材的美女、蛇
g	哥哥、鸽子	t	伞
h	椅子、头发	u	u 型磁铁
i	点燃的蜡烛	v	v 型镊子
j	鱼钩	w	王冠、水波
k	机关枪	x	剪刀
l	木棍	y	弹弓、树杈
m	汉堡、薯条、拱桥	z	闪电

可能有人会问，怎样才能做到这么自如地想象？为什么自己就很难将信息转换成编码呢？针对想象和联想的困难，我想用苹果和大海给大家讲两个我自己总结的小技巧。这两个技巧非常好用，可以制造出非常夸张、让人印象深刻的场景。

下图中有苹果和大海，我们要怎样才能把苹果和大海联系起来，或者说编成一个有意思的故事呢？

本来苹果只有拳头大小，但是你可以把它想象得超级大，从天而降，落下海中，溅起很大的水花儿，而且你还能听到波浪“哗哗”的声音。你还可以想象水花儿溅到脸上，是不是有冰冰的、凉凉的清爽感觉？甚至可以想象水花进入眼睛的感觉。

本来图中的大海是静态的，我们可以把它想象成动态的，大海动得很夸张，能想到什么？我们能想到海啸，我们就想象海啸把一个大苹果卷进去了，这样的话画面感就会非常强。你也可以想象海面有非常大的海风，这样印象会非常深刻。因为相比静态的东西，我们的大脑对动态的东西更加敏感，印象也更加深刻。

总而言之，第一个技巧是变大或变小。苹果本来只有拳头大小，我们可以把它想象得非常非常大，有多大呢？就像一栋楼那样大。有多重呢？就像千吨铁那样重。这样的大苹果砸到海里是什么感觉呢？很夸张的画面，然后你就能轻松记住了。

第二个技巧是变多或变少。苹果虽然只有一个，但是我们的想象力是不受限制的。我们可以想象有非常多的苹果从天而降，就像天上在下苹果雨一样，刷刷地砸到海面上，然后哗啦啦地溅起无数浪花，这样的画面感非常非常强。

在这里，我们要强调的是，请不要给自己的思维设限，方法归方法，原则归原则，我们的想象力是不受任何限制的。比如苹果和大海，我们可以随意想象变大或变小、变多或变少。你可以想象苹果像一艘大船一样，你坐在苹果船上去航海，在海面上漂来荡去；你也可以想象苹果是一艘大的潜水艇，里面有一块透明的玻璃，你在苹果形状的潜水艇里看到海底有美丽的珊瑚、色彩斑斓的鱼群等。在想象力的海洋中尽情地遨游吧，爱因斯坦说过想象力比知识更重要，因为知识是有限的，而想象力却是无穷无尽的。

掌握了 26 个字母编码之后，我们来看看它们的威力吧。

首先，我们看中小学的单词。

① cage [keɪdʒ] *n.* **鸟笼**

c（月亮）+ age（年龄），想象成月亮上面挂着一个上了年龄的鸟笼。

② hear [hɪə(r)] *v.* **听**

h（椅子）+ ear（耳朵），想象成坐在椅子上竖着耳朵听。

③ pear [peə(r)] *n.* **梨子**

p（旗子）+ ear（耳朵），想象成听说旗子上画了一个梨子。

④ fear [fɪə(r)] *v.* **害怕**

f（斧头）+ ear（耳朵），想象成用斧头把耳朵砍下来了，这太令人害怕了。

⑤ heat [hi:t] *n.* **热**

h（椅子）+ eat（吃），想象成坐在椅子上吃热的食物。

⑥ train [treɪn] *n.* **火车**

t（伞）+ rain（下雨），想象成下雨时在火车上也要打伞。

⑦ tent [tent] *n.* **帐篷**

ten（十）+ t（伞），想象成用十把伞撑起一个帐篷。

⑧ weight [weɪt] *n.* **重量**

w（王冠）+ eight（八），想象成王冠的重量是八千克。

接下来，我们看全国大学英语四、六级考试的单词。

① coil [kɔɪl] *n.* **线圈**

c（月亮）+ oil（油），想象成在月亮上面紧紧绕了很多线圈，月亮就挤出了好多油。

② sway [sweɪ] *v.* **摇摆**

s（蛇）+ way（道路），想象成一条蛇在道路上摇摆。

③ cleft [kleft] *n.* **裂缝**

c（月亮）+ left（左边），想象成月亮的左边有一条裂缝。

④ bright [braɪt] *adj.* **明亮的**

b（笔）+ right（右边），想象成笔的右边很明亮。

⑤ lever [ˈliːvə(r)] *n.* **杠杆**

l（木棍）+ ever（曾经），想象成一根木棍曾经被当过杠杆使用。

⑥ scar [skɑː(r)] *n.* **伤疤**

s（美女）+ car（小汽车），想象成美女被小汽车撞倒了，留下一道伤疤。

⑦ spear [spɪə(r)] *n.* **矛**

s（美女）+ pear（梨），想象成美女拿着矛去戳梨子。

⑧ stake [steɪk] *n.* **标桩**

s（美女）+ take（拿走），想象成美女拿走了标桩。

最后，我们看出国考试的单词。

① liver [ˈlɪvə(r)] *n.* 肝脏

live（居住）+ r（小草），想象成肝脏上居住着一棵小草。

② stony [ˈstəʊni] *adj.* 冷酷的，无情的

s（发音像“死”）+ tony（人名），想象成该死的 tony 太冷酷无情了。

③ clay [kleɪ] *n.* 黏土

c（月亮）+ lay（躺），想象成月亮躺在黏土上面。

④ treason [ˈtri:zn] *n.* 叛国罪

t（发音像动作“踢”）+ reason（原因），想象成踢他的原因是他有叛国罪。

⑤ scrape[skrep] *v.* 刮，擦

scrap（废屑）+ e（鹅），想象成废屑堆积在了鹅的身上，需要刮一刮。

⑥ scent [sent] *n.* 香味；*v.* 闻到

s（美女）+ cent（美分），想象成美女闻到一美分的硬币上有香味。

⑦ strap [stræp] *v.* 用带子捆扎

s（美女）+ trap（陷阱），想象成美女掉进陷阱里受伤了，要用带子捆扎。

⑧ dwell [dwel] *v.* 居住

d（弟弟）+ well（好），想象成弟弟居住得很好。

字母组合编码法：熟词 + 字母组合编码法

26 个字母可以单独编码成图像，字母组合也可以编码成图像，编码的方法有单词编码、形似熟词编码、拼音缩写编码、常见意义编码、发音编码等。

第一种是单词编码。比如 ant 这个单词，我们都知道它是蚂蚁的意思，ant 经常作为形容词或者名词的后缀，因此我们可以把它编码成蚂蚁，一看到 ant 就想到一只蚂蚁。

第二种是形似熟词编码。比如 com 形似熟词 come。

第三种是拼音缩写编码。比如把 ch 编码成彩虹，因为字母 ch 是彩虹的拼音缩写。彩虹颜色鲜艳，形状弯曲，图像感非常强，所以一看到 ch 就想到一条彩虹。

第四种是常见意义编码。比如 exo，我们都知道它是一个很有名的流行音乐演唱团体，所以我们就可以用这个团体来编码，看到 exo 就想到这个团体。再比如 ic，我们可以想到 IC 卡（集成电路卡），一看到 ic，脑袋里就想到 IC 卡的图像。

第五种是发音编码。比如字母 p 的编码是旗子，但两个字母 pp 的英语发音像屁屁，所以当我们看到 pp 这一字母组合的时候，脑袋里就出现一个婴儿屁屁的画面。

第六种是象形编码。比如 ll 形似高跷。

接下来，我们用实例来看看字母组合编码的威力。

首先，我们看中小学的单词。

① jacket [ˈdʒækit] *n.* 夹克

jack（杰克）+et（类似外星人 E.T.），想象成杰克的夹克上有个外星人。

② hippo [hɪpəʊ] *n.* 河马

hi（嗨，打招呼的意思）+ pp（屁屁）+ o（圆形的东西），我们可以想成：嗨，河马的屁屁好圆（当然河马的屁屁确实很圆）。

③ inch [ɪntʃ] *n.* 英寸

in（在……里面）+ ch（编码为彩虹），想象成有个东西在彩虹里面一英寸一英寸地移动。

④ chant [tʃɑ:nt] *n.* 圣歌

ch（编码为彩虹）+ ant（蚂蚁），想象成彩虹上有只蚂蚁在唱圣歌。

⑤ scorpion [skɔ:piən] *n.* 蝎子

scor（形似 score 分数）+ pi（“屁”的拼音）+ on（在……上面），我们可以想到这样一个场景，老师说你看你卷子上这屁大点分数，再考不好，我就用蝎子蜇你，你怕不怕。

接下来，我们看全国大学英语四、六级考试的单词。

① combat [ˈkɒmbæt] *v.* 与……搏斗

com（形似 come 来）+ bat（蝙蝠），想象成来了一只蝙蝠同他搏斗，或者来了一个蝙蝠侠与他搏斗。

② hatch [hætʃ] *v.* **孵化**

hat（帽子）+ ch（编码为彩虹），想象成帽子上面孵化出一条彩虹。

③ compose [kəmˈpəʊz] *v.* **镇定**

com（形似 come 来）+ pose（姿势），想象成有一个人说："来来来，摆个姿势镇定一下。"

最后，我们再看看出国考试的单词。

① exotic [ɪɡˈzɒtɪk] *adj.* **外来的，有异国风情的**

exo（流行音乐演唱团体）+ tic（体操的拼音缩写），想象 exo 居然在做体操，exo 的经纪公司是韩国 SM 娱乐有限公司，所以 exotic 就是外来的、有异国风情的。

② gallant [ˈɡælənt] *adj.* **勇敢的**

ga（嘎嘎叫的鸭子）+ ll（像高跷）+ ant（蚂蚁），鸭子踩着高跷和蚂蚁战斗。我们可以想象成蚂蚁非常大，是一只蚂蚁怪兽，所以鸭子踩着高跷去战斗非常勇敢。

在此，我们想提一下联想中的逻辑与非逻辑原则。非逻辑是蚂蚁很大像怪兽，逻辑是敢和蚂蚁怪兽战斗是非常勇敢的。好的联想就是既有逻辑联想也有非逻辑联想，比如说这里的 gallant 和前面海马的例子，都是有逻辑和非逻辑的联想。

③ fortnight [ˈfɔːtnaɪt] *n.* **十四天，两个星期**

for（为了）+ t（伞）+ night（晚上），为了买到那把伞，他连晚上都在排队等，一共等了两个星期。或者 fort（形似

fourteen 十四）+night（晚上），十四个晚上就是两个星期。

④ peep [pi:p] *v.* **偷窥**

pp（屁屁）+ ee（像一双眼睛），可以想象成屁股后面有双眼睛，当然就是偷窥的意思了。

⑤ exuberant [ɪgˈzju:bərənt] *adj.* **兴高采烈的**

ex（前任）+ uber（优步打车软件）+ ant（蚂蚁），前任坐 uber 的时候发现一只兴高采烈的蚂蚁在车窗上向他打招呼。

在短短十几分钟内，可以记住上面这些单词，可见这种方法的记效率还是很高的，所以大家要多用这种方法记忆单词，多锻炼自己的想象力，更好地体会它的威力。

同时提醒一下大家，任何记忆都会有遗忘，哪怕是用最恰当的方法去记忆，也会有遗忘，但是聪明的人知道什么时候复习。艾宾浩斯遗忘曲线提到人的记忆和遗忘都是有规律的，遗忘的速度是先快后慢的，一开始忘得多、忘得快，随着时间的推移忘得少、忘得慢。所以，我们要在遗忘较快的时间节点之前复习，这样的话效果会更好。

另外，我们认为遗忘的具体时间节点和遗忘的多少因人而异，所以每个人都要寻找自己最恰当的复习时间节点。用普通方法死记硬背，重复很多遍后可能还是会忘，而用记忆法记忆，只要你把握好时间节点，复习几遍就够了，接下来就是让记忆的信息存入到你大脑的海马体，变成长期记忆。

记忆单词的“野路子”：谐音法、拼音法

先请大家想一想什么是记忆呢？记和忆，总共两个字。“记”代表记下来，把东西记在脑袋里，记得住、记得牢。“忆”是回忆，就是当你需要用到这些信息的时候，你能够回忆得起来。所以，记忆包括两个部分，既能记得住、记得牢，还能够回忆得起来。举个简单的例子，夏天在家，你想喝冰镇饮料，首先你需要打开冰箱，把饮料放进冰箱里面冰着。当你想喝的时候，你才能打开冰箱，把冰镇好的饮料拿出来。冰箱就好比我们的大脑，饮料就好比我们要记的信息。打开冰箱，把饮料放进冰箱里的过程，就相当于把信息存储在我们的大脑里。把饮料从冰箱里拿出来的过程，就相当于我们从大脑里提取记忆信息。而记忆方法则是帮我们更好地打开冰箱的门。

在参加世界脑力锦标赛的时候，我们与其他国家的记忆高手交流过，他们也会用谐音法记忆信息，非常有效。有人觉得谐音法和拼音法很有意思，记得很快，但也有人觉得这不是正确的方法，比如 thank you，用谐音法是“三克油”，这样会影响单词正常的发音。其实所有方法记单词的前提都是先发准音，因为语言最后都是要被应用的。记忆单词有四个阶段：第一阶段发准音，第二阶段观察音和形的特点，第三阶段进行联想记忆，第四阶段对照还原和复习。所以，不管用什么方法，都要根据音标把音发准。从效率上来说，用自然拼读一下子就能记得住的单词，也不需要用记忆方法来辅助。如果记了很多次还是记不住或者容易忘，就可以用谐音法或者拼音法记下来，然后用节省出来的时间复习，这样从总体上来说效率会更高一些。对于有人认为谐音法会影响单词拼写的问题，我们也可以结合谐音法和自然拼读的方法灵活解决。

接下来，我们就用例子来看看谐音法和拼音法的威力。

首先，我们看中小学的单词。

谐音法

① issue [ˈɪʃuː] *n.* **问题，杂志、报刊的一期；** *v.* **发行**

谐音为“一休”，想象成聪明的一休很会解决问题，发行了一期杂志，专门来描述他解决问题的方法。

② title [ˈtaɪtl] *n.* **标题**

谐音为“抬头”，想象成一抬头就看到一个大标题。

③ lung [lʌŋ] *n.* **肺**

谐音为“狼”，联想到狼心狗肺。

④ mud [mʌd] *n.* **泥，烂泥**

谐音为“妈的”，想象成教练批评学员说了一句：“妈的，烂泥扶不上墙。”（大家在现实生活中可不要骂人啊。）我们需要强化一下，m 和 d 中间是 u，而不是 a。

拼音法

① yeti [ˈjeti] *n.* **雪人**

这个单词的拼音就是“液体”，想象成雪人融化了，变成液体，四处流淌。

② data [ˈdeɪtə] *n.* **数据**

这个单词的拼音是“打他”，想象成他居然偷走了我的数据，我要打他。

③ dawn [dɔːn] *n.* **黎明**

da 是“大”的拼音，wn 是“蜗牛”的拼音的首字母组合，所以两者合起来就是大蜗牛，我们可以想象成，每到黎明的时候就有一只大蜗牛早起觅食。

④ damage [ˈdæmɪdʒ] *v.* **破坏，损坏**

da 是“大”的拼音，ge 是“歌”的拼音，我们可以想象成，大妈唱歌很难听，破坏力很强。

接下来，我们看全国大学英语四、六级考试的单词。

谐音法

① confess [kənˈfes] *v.* **坦白，忏悔**

谐音为“肯反思”，想象成他坦白了自己的错误，肯反思、忏悔。

② fantasy [ˈfæntəsi] *n.* **想象，幻想**

谐音为“范特西”。它的形容词是 fantastic，中文意思是“极好的”，周杰伦有张专辑叫《依然范特西》，可以想象周杰伦的专辑是极好的。

③ marsh [mɑːʃ] *n.* **沼泽**

谐音为“妈洗”，想象成妈妈在沼泽旁边洗东西，是不是很危险呢？

④ mark [mɑ:k] *v.* **做记号；***n.* **污点**

谐音为“马克”，大家可以想象成，用马克笔（记号笔）做记号的时候弄出了污点。

拼音法

① lad [læd] *n.* **小伙子**

“辣的”的拼音缩写为“lad”，这个小伙子喜欢吃辣的东西。我们可以想象他是湖南人或者四川人，脖子上面还挂着一圈辣椒。

② sheer [ʃɪə(r)] *adj.* **十足的，陡峭的**

she 的英文意思是她，“er”是“儿”的拼音，我们可以想象成，她的儿子是一个十足的笨蛋，那么陡峭的山，他说爬就爬，也不顾危险。

③ fade [feɪd] *v.* **变淡**

“发”的拼音是“fa”，“的”的拼音是“de”，我们可以想象成染发后头发的颜色逐渐变淡了。

④ limit [ˈlɪmɪt] *n.* **极限**

limi（厘米的拼音）+ t（伞），我们可以想象成，只有 1 厘米的伞，已经小到极限了，不能再小了。

最后，我们看出国考试的单词。

谐音法

① hermit [ˈhɜ:mɪt] *n.* **隐士，小甜饼**

谐音为“何觅他”，到哪里去找他呢？我们可以想象隐士一般都躲在深山老林里，哪里找得到他呢？隐士躲着干吗？躲起来吃他最爱的小甜饼。这样我们一下子把两个意思都记住了。

② drizzle [ˈdrɪzl] *n.* **毛毛雨；** *v.* **下毛毛雨**

谐音为“追着我”，想象成天上下的毛毛雨都追着我。

③ mantle [ˈmæntl] *n.* **披风，外层**

谐音为“馒头”，想象成白馒头的外层披着一件黑披风，相当帅气。

④ mansion [ˈmænʃn] *n.* **大厦，公馆**

谐音为“门神”，想象成大厦的大门口站着一个门神。

拼音法

① wan [wan] *adj.* **苍白的，虚弱的**

“碗”的拼音是“wan”，我们想象成，他被从天而降的一个大碗砸中了脑袋，现在脸色苍白，非常虚弱。

② bandit [ˈbændɪt] *n.* **强盗**

“搬”的拼音是“ban”，“地铁”的拼音缩写是“dit”，我们可以想象成，强盗把抢来的赃物都搬上了地铁。

③ obscure [əbˈskjʊə(r)] *adj.* **令人费解的**

“欧巴”的拼音缩写是“ob”，字母 s 的编码是“美女”，cure 是治疗，我们可以想象成，神医欧巴看到一个美女中了一种奇怪的毒，忍不住说：“怎么会中这种毒呢？太令人费解了！”

④ sanguine [ˈsæŋgwɪn] *adj.* **乐观的，充满自信的**

“三”的拼音是“san”，“鬼”的拼音是“gui”，“呢”的拼音是“ne”。我们可以想象成，一个人乐观、自信地说：“刚刚的三个小鬼呢？都被我打跑了！”

熟词 + 熟词法、词中词法、字母换位法

有同学问高中的 3500 多个单词是按照 a 到 z 的顺序背，还是不按照顺序随机背。我们的建议是，记忆的时候就按照顺序背，复习的时候就随机复习。正序记忆可以让你知道有哪些单词是行进的，这样可以减轻记忆负担。

下面要给大家讲的是三种记忆单词方法：熟词 + 熟词法，词中词法，字母换位法。

熟词 + 熟词法，是指一个新的单词是由两个我们熟悉的单词构成的，这类单词通常意思比较明显，由构成的两个单词直接联想就行。

词中词法，是指有些单词的中间增加一个字母或者字母组合，甚至是增加一个单词就会得到另一个新的单词。对于这样的单词，我们只要记住其中的一个单词，然后用字母编码法记住增减的字母或单词就可以了。

字母换位法，是指将单词中的部分字母或者全部字母调换位置，就可以得到新单词，把这样两个单词放到一起记忆可以提高记忆效率。

接下来，我们就在例子中学习和运用这三种方法。

首先，我们看中小学的单词。

熟词 + 熟词法

① eggplant [ˈegplɑːnt] *n.* **茄子**

egg（鸡蛋）+ plant（植物），想象成长得像鸡蛋的植物就是茄子，鸡蛋和茄子的共同点是底部都很圆、很光滑，所以 eggplant 就是茄子的意思。

② mooncake [ˈmu:nkeɪk] *n.* **月饼**

moon（月亮）+ cake（蛋糕），想象成做得像月亮的蛋糕，也就是月饼。

③ doorbell [ˈdɔ:bel] *n.* **门铃**

door（门）+ bell（铃铛），门上的铃就是门铃。

④ headache [ˈhedeɪk] *n.* **头痛**

head（头、头部）+ ache（疼痛），头有些疼痛就是头痛。

⑤ backpack [ˈbækpæk] *n.* **背包**

back（背部）+ pack（包），背上背的包就是背包。

⑥ footprint [ˈfʊtprɪnt] *n.* **脚印**

foot（脚）+ print（打印，留下痕迹），脚踩下后，留下的痕迹就是脚印。

词中词法

① boast [bəʊst] *v.* **吹嘘，自吹自擂**

boat（船）+ s（美女），想象成船上面有一个美女在自吹自擂。

② trip [trɪp] *n.* **旅游**

tip（建议或者小费）+ r（小草）。建议旅游的时候去小草比较多的地方，风景好一些。

③ chat [tʃæt] *v.* 聊天

cat（猫）+h（椅子），想象成我坐在椅子上和猫聊天。

④ beggar [ˈbegə(r)] *n.* 乞丐

bar（酒吧）+egg（鸡蛋），在bar里面插入一个egg鸡蛋，我们就可以想象成酒吧里面有一个乞丐在乞讨鸡蛋。这里要提醒大家的是，beggar是beg乞讨的名词形式。

字母换位法

rood [ru:d] *n.* 十字架

我们发现第一个字母r和最后一个字母d调换顺序后就是door，door这个单词我们很熟悉，所以我们可以用调换字母顺序来记忆——把门（door）反过来，门的背后有个十字架（rood）。

接下来，我们看全国大学英语四、六级考试的单词。

熟词+熟词法

① teamwork [ˈtiːmwɜ:k] *n.* 协同工作

team（团队）+work（工作），一个团队在一起工作就属于协同工作。

② overestimate [ˌəʊvərˈestɪmeɪt] *v.* 高估

over（超过、高于）+estimate（估计），高于实际的估计就是高估。

③ database [ˈdeɪtəbeɪs] *n.* 数据库

data（数据）+ base（基础），可以操作很多数据的基础就是你必须有一个数据库。

词中词法

① stir [stɜ:(r)] *v.* 搅拌

sir（先生）+ t（伞），我们就可以想象成，一位先生拿着一把伞在杯子里面搅拌。

② flame [fleɪm] *n.* 火焰

flame 比我们认识的单词 fame（名声）多了一个 l，l 可以想象成一支火炬。我们就想象有个人名声很好，被选中当奥运火炬手，火炬上面有火焰。

字母换位法

① doom [du:m] *n.* 厄运；*v.* 使……注定失败（或遭殃、死亡等）

我们发现第一个字母 d 和最后一个字母 m 换个位置就是我们熟悉的单词 mood（心情），我们就想到有厄运来了注定要失败，所以心情很不好。

② pit [pɪt] *n.* 井

我们发现第一个字母 p 和最后一个字母 t 调换位置就是我们熟悉的单词 tip（小费），我们可以想象成，服务员不小心把收到的小费掉到井里面去了。

最后，我们看出国考试的单词。

熟词 + 熟词法

① twofold [ˈtu:fəʊld] *adj.* **两倍的**

two（两、两个）+ fold（折叠），折叠成两倍，twofold 就是两倍的意思。

② highlight [ˈhaɪlaɪt] *v.* **强调，突出**

high（高的）+ light（光），可以想象成用高光打亮，就是强调和突出的意思，也可以想象成用高亮的记号笔把重要的文字涂色，以便强调、突出。

③ topsoil [ˈtɒpsɔɪl] *n.* **表土层**

top（顶部）+ soil（土壤），最顶部的土壤就是表土层。

④ overexploit [ˈəʊvə(r)ɪkˈsplɔɪt] *v.* **过度开发**

over（超过、高于）+ exploit（开发），开发程度超过自然界所能承受的就是过度开发。

词中词法

① germ [dʒɜ:m] *n.* **细菌，微生物，胚芽**

gem（宝石）+ r（胚芽），我们可以想象成，宝石中间长了一棵胚芽，上面有好多的细菌和微生物，所以 germ 就是细菌、微生物和胚芽的意思，一下子把这三个意思都串起来了。

② pamper [ˈpæmpə(r)] *v.* 娇惯

paper（纸张）+ m（想象 m 是妈妈），想象这样一个场景，这孩子长这么大还要妈妈用纸帮他擦屁股，妈妈简直太娇惯他了。

字母换位法

① reed [riːd] *n.* 芦苇

如果把这个单词的第一个字母 r 和最后一个字母 d 交换位置，reed 就会变成 deer（鹿），我们可以想象成，有一只梅花鹿钻到芦苇里面去了。

② teem [tiːm] *v.* 充满，倾泻

这个单词第一个字母 t 和最后一个字母 m 调换位置，就是我们很熟悉的单词 meet（相遇）。我们可以想象这样一个场景，两个人相遇的时候，大雨倾泻。

teem 和 team 发同样的音，上面的 reed 和 read 也发同样的音，因此，我们可以总结出很多有 ea 和 ee 的单词，这也方便我们用自然拼读的方法去复原单词。

综上所述，我们用熟词 + 熟词法、词中词法和字母换位法轻松记下了上面的单词，希望大家学会之后多练习、多实践。

为什么强调多练习呢？大二下学期的时候，我（申一帆）去华中师范大学讲图像记忆法，有个女生对我说，这种形象记忆的方法确实很有效。小时候她一直觉得“粥”字很难记，同桌就告诉她，“粥”字左右两个“弓”字，中间一个“米”字，可以想象成两个弓着腰的老头在淘米，然

后把米煮成粥。从此以后，她每次一想到粥，就想到两个老头弓着腰在淘米的画面，一直都记得粥字怎么写，从来没有错过。

讲这个故事是想告诉大家，形象记忆确实可以加深印象，但我们也不要忽略重复的重要性。这个女生每次碰到“粥”字就想到两个老头弓着腰淘米的画面，每碰一次就是复习了一次，更加深了印象，所以这个字已经变成了她的长期记忆甚至永久记忆。

好的记忆方法与合适的复习策略会使学习的效果事半功倍。因此，大家在使用记忆方法的同时，也要结合自己的情况，根据艾宾浩斯遗忘曲线等原理，分时段及时复习，以求达到最佳记忆效果。

词缀应该怎样记？

大家经常会看到有人一下子把单词量扩大好几倍的，其实秘诀就在于使用了词缀记忆法。所以，了解一下词缀的知识还是很有用的。

从语言学的角度来说，许多单词由词根、词缀两部分构成。词根可以理解成单词的基础部分，词根决定着单词的意思，像根一样，很多单词从这个根上长出来。词缀包括前缀和后缀，放在单词的前面和后面。前缀通常可以改变单词的意义、词意，比如，in、im、un、dis 等前缀把单词的意思变成了相反的意思，又如 en、em 等前缀把形容词或者名词变成动词。后缀一般决定着单词的词性，比如，常见的名词后缀有 tion、ment、ness、ant、ent、er、or 等，常见的形容词后缀有 tive、sive、ic、tic、al、cal、ble、ible 等，常见的副词后缀就是 ly 或者 ily。当然有时候后缀也可以改变单词的意思，比如后缀 less，love 表示爱，而 loveless 表示无爱的、缺乏爱的。

词缀记忆法的优点在于它可以短时间内成倍地增加单词量，缺点在于它不太灵活，并不能解决所有的单词记忆。记忆词缀对于学习英语有很大的帮助，会让大家觉得英语的构词法很有意思的，增加大家对记忆英语单词的兴趣。

词缀记忆法简单易学，但市面上绝大部分讲词缀记忆方法的书籍却把这一方法写得很复杂。它们一般会讲，这几个字母代表这个意思，改一两个字母还是代表这个意思，这样很容易混淆，会给人一种为了用这一方法记单词而硬凑的感觉。举例来说，有的书籍提到，fac、fact、fect、fic、fit 和 feat 这六个组合都相当于 make，代表制作的意思，比如以 fac 为例的 facility（设备），以 fact 为例的 factory（工厂），以 fect 为例的 effect（影响）和 perfect（完美的），以 fic 为例的 efficiency（效率），以 feat 为例的 faeture（特征）。其实，这样的话反而容易弄混淆。

怎么记忆词缀呢？我们总结了五种方法，第一种方法是字母编码法，包括单个字母和字母组合编码。比如说 ad 表示加强，我们可以想象是 AD 钙奶，吃了 AD 钙奶有助于加强身体的健康。第二种方法是拼音法，比如 ag 表示加强，ag 是电影《阿甘正传》中的阿甘的拼音的首字母组合，我们可以想象成阿甘的肌肉很强壮。第三种方法是谐音法或者发音法，就是通过单词的谐音或者发音记忆，比如名词后缀 tion，谐音后就是中文里面的“神”。第四种方法是熟词记忆法，就是通过自己熟悉的单词记忆对应的词缀。比如 build 是建造的意思，rebuild 是重新建造、重建的意思；view 是看的意思，review 是重复看、复习的意思。所以 re 是再次、重复的意思。第五种方法是综合法，综合前面的几种方法来编码或者记忆词缀。

大部分前缀、后缀都很常见，可以用熟词记忆法。少数不常见的前缀、后缀可以用其他四种方法记忆。

我们先看一些常见的前缀。

表示位置关系的前缀

① ante，在……之前

我们可以把它当作单词来拆分，ant（蚂蚁）+e（鹅），想象成蚂蚁在鹅的前面，所以 ante 有在……之前的意思。示例单词有 anteroom（前厅），在房间的前面，就是前厅。

②ultra，在……之外

根据熟词记忆法，我们知道：

ultrasound（超声波）= ultra + sound（声音），

ultrared（红外线）= ultra + red（红色）。

由此可以得知 ultra 有在……之外的意思。

③super，超越，在……之上

根据熟词记忆法，我们知道：

superman（超人）= super + man（人），

superstar（巨星）= super + star（星星）。

由此可以得知 super 有在……之上的意思

④top，在……之上，上层

根据熟词记忆法，我们知道：

topsoil（表层土）= top + soil（土壤），

top-quality（最高品质的）= top + quality（质量）。

由此可以得知 top 有在……之上、上层的意思。

⑤sub，在……下面

根据熟词记忆法，我们知道：

subway（地铁）= sub + way（道路），

submarine（潜水艇）= sub +marine（海军）。

由此可以得知 sub 有在……下面的意思。

大家可以发现，这些表示位置关系的前缀都非常直接，比如说 inter、

top、super 等，一看就知道它的意思是什么。

表示时间关系的前缀

① pre，在……之前

根据熟词记忆法，我们知道：

prehistory（史前）= pre + history（历史），

preschool（学龄前）= pre + school（学校）。

由此可以得知 pre 有在……之前的意思。

② ex，在……之前

根据熟悉记忆法，我们知道：

expresident（前总统）= ex + president（总统），

ex-husband（前夫）= ex + husband（丈夫）。

由此可以得知 ex 有在……之前的意思。

③ mid，中，中间

根据熟词记忆法，我们知道：

midnight（半夜）= mid + night（夜晚），

midautumn（中秋）= mid + autumn（秋天）。

由此可以得知 mid 有中间的意思。

④ post，在……之后

根据熟词记忆法，我们知道：

postwar（战后）= post + war（战争），

postgraduate（研究生）= post + graduate（大学毕业生）。

由此可以得知 post 有在……之后的意思。

表示数量关系的前缀

① hemi，一半

根据熟词记忆法，我们知道：

hemisphere（半球）= hemi + sphere（球），

hemicycle（半圆形）= hemi + cycle（圆）。

由此可以得知 hemi 有一半的意思。

② uni，单一

根据熟词记忆法，我们知道：

unicolor（单色的）= uni + color（颜色），

uniform（制服）= uni + form（样子）。

由此可以得知 uni 有单一的意思。

③ bi，表示双，或者两个

根据熟词记忆法，我们知道：

biweekly（双周刊的）= bi + weekly（每周周刊的），

biplane（双翼飞机）= bi + plane（飞机）。

由此可以得知 bi 有双或两个的意思。

④ tri，表示数量三

根据熟悉记忆法，我们知道：

triangle（三角形）= tri + angle（角），

tricycle（三轮车）= tri + cycle（自行车）。

由此可以得知 tri 有数量三的意思。

表示否定关系的前缀

① anti，反或防

用字母编码法，ant（蚂蚁）+ i（编码是蜡烛），可以想象成蚂蚁反对点蜡烛。

② ab，否定或者相反

根据熟词记忆法，我们知道：

abnormal（不正常）= ab + normal（正常），

absent（缺席的）= ab + sent（存在的）。

由此可以得知ab有否定或者相反的意思。

③ dis，否定和不的意思

根据熟词记忆法，我们知道：

disagree（反对）= dis + agree（赞成），

dislike（不喜欢）= dis + like（喜欢）。

由此可以得知dis有否定和不的意思。

④ de，反

根据熟词记忆法，我们知道：

decompose（分解）= de + compose（组成），

decreation（非创造）= de + creation（创造）。

由此可以得知de有反的意思。

⑤ mis，失误

根据熟词记忆法，我们知道：

mistake（失误）= mis + take（得到），

misunderstand（误解）= mis + understand（理解）。

由此可以得知 mis 有失误的意思。

⑥ mal，坏

根据熟词记忆法，我们知道：

malnutrition（营养不良）= mal + nutrition（营养的），

malpractice（不法行为）= mal + practice（做事）。

由此可以得知 mal 有坏的意思。

⑦ im，不

根据熟词记忆法，我们知道：

impossible（不可能）= im + possible（可能的），

immoral（不道德的）= im + moral（道德的）。

由此可以得知 im 有不的意思。

⑧ in，不

根据熟词记忆法，我们知道：

incorrect（不正确）=in + correct（正确的），

inability(无能，无力)=in + ability（有能力的）。

由此可以得知 in 有不的意思。

⑨ il，不

根据熟词记忆法，我们知道：

illegal（不合法）= il + legal（合法的），

illogical（不合逻辑的）= il + logical（逻辑的）。

由此可以得知 il 有不的意思。

⑩ ir，否定

根据熟词记忆法，我们知道：

irregular（不规则）= ir + regular（规则的），

irresistable（不可抵抗的）= ir + resistable（抵抗的）。

由此可以得知 ir 有否定的意思。

⑪ un，不

根据熟词记忆法，我们知道：

unfair（不公平）= un+ fair（公平的），

unlock（开锁）= un + lock（锁住）。

由此可以得知 un 有不的意思。

⑫ non，否定

根据熟词记忆法，我们知道：

non-existence（不存在）= non + existence（存在），

non-electrical（非电的）= non + electrical（带电的）。

由此可以得知 non 有否定的意思。

⑬ counter，相反

根据熟词记忆法，我们知道：

counterclaim（反诉）= counter + claim（提出要求），

counteroffer（反要约）= counter + offer（提议）。

由此可以得知 counter 有否定的意思。

表示程度或者方式的前缀

① over，过于

根据熟词记忆法，我们知道：

overweight（超重的）= over + weight（体重），

overtime（加班）= over + time（时间）。

由此可以得知 over 有过于的意思。

② under，在……之下，表示程度不足

根据熟词记忆法，我们知道：

underdeveloped（不发达）= under + developed（发达的），

underground（地下的）= under + ground（地面）。

由此可以得知 under 有在……之下的意思。

③ pro，赞成，亲近

根据熟词记忆法，我们知道：

proslavery（赞成奴隶制的）= pro + slavery（奴隶制），

pro-American（亲美的）= pro + American（美国）。

由此可以得知 pro 有赞成、亲近的意思。

④ micro，微

根据熟词记忆法，我们知道：

microwave（微波）= micro + wave（波纹），

microsecond（微秒）= micro + second（秒）。

由此可以得知 micro 有微的意思。

⑤ sym，相同

根据熟词记忆法，我们知道：

sympathy（同情）= sym + pathy（感情），

symphony（交响乐）= sym + phony（声音）。

由此可以得知 sym 有相同的意思。

表示特定含义的前缀

① auto，自动，自己

根据熟词记忆法，我们知道：

automation（自动化）= auto + mation（处理），

autobiography（自传）= auto + biography（传记）。

由此可以得知 auto 有自动、自己的意思。

② neo，新

根据熟词记忆法，我们知道：

neonatal（新生的）= neo + natal（出生的），

neogamist（新婚者）= neo + gamist（结婚者）。

由此可以得知 neo 有新的意思。

③ trans，转移

根据熟词记忆法，我们知道：

transplant（移植）= trans + plant（种植），

transcode（转换代码）= trans + code(代码)。

由此可以得知 trans 有转移的意思。

接着，我们再看一些常见的后缀。

第一类名词后缀

er、or、ess、eer、ster 表示从事某种职业或者参与某种活动的人。

① er，根据熟词记忆法，teacher 是教师，worker 是工人。我们可以得知 er 可表示人。

② or，根据熟词记忆法，actor 是演员，sailor 是水手。我们可以得知 or 可表示人。

③ ess，根据熟词记忆法，actress 是女演员，hostess 是女主人。我们可以得知 ess 表示女性。

④ eer，根据熟词记忆法，mountaineer 是登山运动员，engineer 是工程师。我们可以得知 eer 也表示人。

⑤ ster，根据熟词记忆法，songster 是歌唱家，gamester 是赌徒。我们可以得知 ster 也表示人。

第二类名词后缀

① let，根据熟词记忆法，booklet 是小册子，bullet 是子弹。我们可以得知，let 表示小的意思。

② ette，根据熟词记忆法，sassette 是小匣子，statuette 是小雕像。我们可得知，ette 也可以表示小的意思。

特殊名词的后缀

① hood，根据熟词记忆法，childhood 是孩童时期，boyhood 是少年时期。我们可以得知，hood 表示时期。

② ship，根据熟词记忆法，friendship 是友谊，relationship 是关系，leadership 是领导力。我们可以得知，ship 表示状态、资格等。

还有一些常见的后缀，比如名词后缀 tion、ment、ness，形容词后缀 tive、sive、ic、tic、al、cal、ble、ible、ful，副词后缀 ly、ily 等，这里就不一一举例了。大家在背单词的时候可以自行总结。

又是在很短的时间内，我们记住几十个词缀。我们不可能把所有的。词缀都列举出来，希望大家在以后的学习中运用上面讲的这些方法去记忆、去实践。积跬步以至千里，积小流以成江海。多多练习、多多积累，你必定能在学习上更上一层楼。

词缀应该怎么用？

我们直接用案例来说明，知道词缀的意思后怎样联想记单词。把相同词缀的词放在一起记忆会大大提高效率，这次单词的举例以词缀为小组进行分类。

前缀 bi 表示两、两个的意思，相当于于 two、twice、double。

① bidirectional [ˌbaɪdəˈrekʃənl] *adj.* **双向的**

directional 是定向的，所以 bidirectional 就是双向的。

② bisexual [ˌbaɪˈsekʃuəl] *adj.* **两性的**

sexual 是性、性别的，所以 bisexual 就是两性的。

③ bicycle [ˈbaɪsɪkl] *n.* **自行车**

cycle 是轮子或者圆圈，有两个轮子的 bicycle 就是自行车。

前缀 pre 表示在……之前或预先的意思，相当于 before。

① preheat [ˌpriːˈhiːt] *v.* **预热**

heat 是热，预先热起来的 preheat 就是预热。

② prefix [ˈpriːˈfiks] *n.* **前缀**

fix 是固定，固定在前面的 prefix 就是前缀。

③ preclude [prɪˈklu:d] *v.* 阻止

clude 是关闭，预先关闭的 preclude 就是阻止。

④ precognition [ˌpri:kagˈniʃn] *n.* 先知

cognition 是知道，预先知道的 precognition 就是预知、先知。

前缀 pro 表示向前或者在前的意思。

① progress [ˈprəʊgres] *v.* 进步

gress 是走，向前走的 progress 就是进步。

② project [ˈprɒdʒekt] *v.* 投掷

ject 是扔，向前扔的 project 就是投掷。

③ prospect [ˈprɒspekt] *v.* 勘探

spect 是看，向前看的 prosect 就是勘探。

④ prologue [ˈprəʊlɒg] *n.* 序言

logue 是说，在前面说的 prologue 就是序言。

后缀 gress 表示走的意思。

① aggress [əˈgres] *v.* 攻击

ag 表示加强，我们可以想象成，有个人强势地撞向别人，所以 aggress 就是攻击。

② congress [ˈkɒŋgres] *n.* 国会

con 表示一起，我们可以想象成，走到一起去开国会，所以 congress 就是国会。

③ digress [daɪˈgres] *v.* 偏离主题

di 表示分离，我们可以想象，越走越分离了就是偏离主题。

后缀 en 表示由……制成的意思，相当于 made。

① wooden [ˈwʊdn] *adj.* 木制的

wood 是木头，由木头制成的 wooden 就是木制的。

② earthen [ˈɜ:θn] *adj.* 土制的

earth 是地球或者土壤，由土制成的 earthen 就是土制的。

③ ashen [ˈæʃn] *adj.* 由灰烬构成的

ash 是灰尘的意思，由灰尘制成的 ashen 就是由灰烬构成的。

后缀 en 还表示使变成……样。

① shorten [ˈʃɔ:tn] *v.* 缩短

short 是短，所以 shorten 就是缩短。

② darken [ˈdɑ:kən] *v.* 使变暗

dark 是黑暗，所以 darken 就是使变暗。

③ deepen [ˈdi:pən] *v.* 变深

deep 是深，所以 deepen 就是变深。

④ broaden [ˈbrɔ:dn] *v.* 变宽

broad 是宽阔，所以 broaden 就是变宽。

⑤ sharpen [ˈʃɑ:pən] *v.*（使）锋利

sharp 是锋利，所以 sharpen 就是使变得锋利。

后缀 sect，表示切的意思，相当于 cut。

① vivisect [ˌvɪvɪˈsekt] *v.* **活体解剖**

vivi 表示活的，所以 vivisect 就是活体解剖。

② bisect [baɪˈsekt] *v.* **平分**

bi 表示两或两个，所以 bisect 就是平分。

③ trisect [traɪˈsekt] *v.* **三等分**

tri 表示三，所以 trisect 就是三等分。

又是在很短的时间内，我们用词缀法记住了上面的单词。其实用词缀法记单词非常简单，因为词缀就像中文里的偏旁部首一样非常利于联想。

第四章

学科记忆专题：攻陷你的弱势学科

学科记忆专题——语文

语文是一门需要大量记忆的学科，而其中最难的是古诗词的记忆。下面我们介绍巧用各种记忆法来记忆古诗词。

用串联记忆法记忆《诗经 · 关雎》

读经 · 关雎

佚名

关关雎鸠，在河之洲。窈窕淑女，君子好逑。

参差荇菜，左右流之。窈窕淑女，寤寐求之。

求之不得，寤寐思服。悠哉悠哉，辗转反侧。

参差荇菜，左右采之。窈窕淑女，琴瑟友之。

参差荇菜，左右芼之。窈窕淑女，钟鼓乐之。

《诗经》中有很多句型相似但用词不一样的语句，它们表达的意思也类似，背诵的时候容易出现顺序颠倒的情况，这时我们可以用串联记忆法。

比如，“参差荇菜，左右流之”“参差荇菜，左右采之”“参差荇菜，左右芼之”。它用了“流、采、芼”三个不同的字来描述，我们把它们抽出来谐音变成“六彩帽”——六种颜色的彩色帽子。这样，就能够把三个字的顺序准确记住下来了。

六彩帽之后，讲的都是窈窕淑女。我们从后面的句子里抽关键的词语谐音后，再把它们串起来。这些词语是“寤寐（妩媚）、思服（丝服）、悠哉悠哉、辗转反侧、琴瑟（青涩）、钟鼓”，它们可以组成一个非常有意思的小故事，一个长相妩媚、穿着丝服的人，在床前悠哉悠哉地晃着，躺在床上之后辗转反侧睡不着觉，这时她听到了青涩的钟鼓声音。

利用“六彩帽”和上述故事，我们就可以把全文的重点记下来，然后再通读几遍加深印象。

用绘图记忆法记忆《山居秋暝》和《行路难》

绘图记忆法适用于记忆特别有画面感的古诗词。比如，唐朝诗人王维的《山居秋暝》，讲述他在深山隐居的时候，看到秋天午后雨毕放晴的景象。

山居秋暝

王维

空山新雨后，天气晚来秋。
明月松间照，清泉石上流。
竹喧归浣女，莲动下渔舟。
随意春芳歇，王孙自可留。

这首诗的大意是：空旷的群山沐浴了一场新雨，夜晚降临，空气凉爽，仿佛已经到了秋天。皎皎明月从松隙间洒下清光，清清泉水在山石上淙淙淌流。竹林喧响知是洗衣姑娘归来，莲叶轻摇想是上游荡下轻舟。春日的芳菲不妨任随它消歇，秋天的山中王孙自可以久留。

我们接受信息主要来自于视觉，把诗歌中典型的、具有画面感的物体，通过一定的顺序画图表达出来后，这些图画对于我们的记忆能产生非常大的提示作用。

山居秋暝（官晶绘图）

我们把诗中一些重要的词语抽取出来，按照一定的方向，把全文要表达的主要场景画下来，如上图所示。在图的左上角，大家可以看到一座空山上有几滴雨，对应“空山新雨后”。有一些诗句表达得特别抽象，无法聚焦，也无法在我们脑中形成清晰的场景，我们可以把它形象化，“天气晚来秋”就可以形象化成慢慢飘落的枫叶，通过枫叶进行提示。图的右上角是“明月松间照”，接下来是“清泉石上流”。竹林下面特别喧闹，原来是洗衣服的姑娘回家了，洗衣服的姑娘也叫浣女，看到竹子和姑娘在河边洗衣服的场景，我们就能够想起“竹喧归浣女”。下一句是“莲动下渔舟”，我们可以看到莲蓬、荷叶和渔舟。再下一句的“随意春芳歇”中的“春芳”也比较抽象，我们把它形象化成春天的芳香花儿。看到花儿慢慢凋落，感觉它要歇下来休息一样，对应“随意春芳歇”。最后一句“王孙自可留”，此处的“王孙”不是指大王的孙子，但为了便于回忆，我们可以画一个小孩，肚兜上写一个“王”字，这样就想到王孙，“王孙自可留”。

这样，我们就以顺时针的方式，根据诗中的关键内容绘下这幅图。看着这幅图，就能想到相应的关键词，进而想起全部的诗词，在这里图片起到了提示的作用。

我们还可以用绘图的方法记忆稍微长一些的古诗词，比如李白的《行路难》。这次，我们在脑海中绘制相应图画。

行路难

李白

金樽清酒斗十千，玉盘珍馐直万钱。

停杯投箸不能食，拔剑四顾心茫然。

欲渡黄河冰塞川，将登太行雪暗天。

闲来垂钓坐溪上，忽复乘舟梦日边。

行路难，行路难，多歧路，今安在。

长风破浪会有时，直挂云帆济沧海。

这首诗词的大意是：金杯里装的名酒，一斗价十千；玉盘中盛的精美菜肴，价值万钱。胸中郁闷啊，我停杯投箸吃不下；拔剑环顾四周，我心里委实茫然。想渡黄河，冰雪堵塞了这条大川；要登太行，莽莽的风雪早已封山。希望能像吕尚垂钓溪边，闲待东山再起；又希望能像伊尹白日做梦，乘船经过日边。世上行路多么艰难，多么艰难；眼前歧路这么多，我该向北向南？相信总有一天，能乘长风破万里浪；高高挂起云帆，在沧海中勇往直前！

这首诗中的每句话都可以找到一个非常形象的词语，我们抽取的词语是：金樽清酒、玉盘、投箸、拔剑、黄河、太行、垂钓、乘舟、行路、歧路、长风破浪、直挂云帆。在绘图的过程中，我们按照从左到右的顺序在大脑中呈现相应的场景。

首先是一只金樽，金色的酒杯，慢慢溢出清酒，这些酒特别贵，一斗酒要十千钱。或者，你想成这酒一斗要一万元人民币，一万正好是十千。这就是“金樽清酒斗十千”。

酒溢出来淌到玉盘上，玉盘里放着价值万钱的名贵菜肴，“玉盘珍馐值万钱”。玉盘旁边有一只酒杯和一双筷子，“停杯投箸不能食”。这么好的酒菜，停杯投箸干吗呢？突然把剑拔出来，四面环顾，心里特别茫然，“拔剑四顾心茫然”。

心里很茫然，慢慢往前走，走到哪里？想走到黄河岸边，然而有一座冰山堵塞道路，“欲渡黄河冰塞川”。黄河浪涛猛烈冲击，冲击到太行山脚下，把太行山的雪都冲到黄河里面。太行山上，阴雪暗天，风暴肆虐，“将登太行雪暗天”。

突然，你发现太行山脚下的一条小溪旁，有一个人在悠闲地垂钓，“闲来垂钓坐溪上”。小溪上，还有一个乘着舟的人，“忽复乘舟梦日边”。你往岸边走，发现到岸边的路特别难走，走着走着就看到很多岔路，“行路难，行路难，多歧路，今安在”。沿着这条崎岖的路翻山越岭之后，你又发现后面居然有江，“长风破浪会有时”，江上还有很多的船，“直挂云帆济沧海”。

我们从诗词中提取关键词后，在脑海中进行绘图，同样可以把整首诗背下来。需要说明的是，绘图记忆法适合不太长的古诗，如果要记忆像张若虚的《春江花月夜》或白居易的《长恨歌》这样特别长的诗歌，结合定桩记忆法等灵活运用，记忆效果会更好。

用场景记忆法记忆《白雪歌送武判官归京》

在记忆古诗词时，很多有经验的老师会让学生表演相关内容，如果表演得很生动，同学们就能根据表演把诗词记忆下来。记忆时，按照自己的想法对诗词的时空、情感的变化进行一定的加工和还原，这就属于场景记忆法。

我们用场景记忆法来记忆唐代诗人岑参的《白雪歌送武判官归京》。

白雪歌送武判官归京

岑参

北风卷地百草折，胡天八月即飞雪。

忽如一夜春风来，千树万树梨花开。

散入珠帘湿罗幕，狐裘不暖锦衾薄。

将军角弓不得控，都护铁衣冷难着。

瀚海阑干百丈冰，愁云惨淡万里凝。

中军置酒饮归客，胡琴琵琶与羌笛。

纷纷暮雪下辕门，风掣红旗冻不翻。

轮台东门送君去，去时雪满天山路。

山回路转不见君，雪上空留马行处。

北风席卷大地把百草都吹折了，胡地的天气八月就纷扬落雪。忽然间宛如一夜春风吹来，好像是千树万树梨花盛开。雪花散入珠帘打湿了罗幕，狐裘穿不暖，锦被也嫌单薄。将军的角弓冻得拉不开，铁甲冰冷得让人难以穿着。沙漠结冰百丈纵横有裂纹，万里长空凝聚着惨淡愁云。主帅帐中摆酒为客人饯行，胡琴、琵琶、羌笛合奏来助兴。傍晚辕门前大雪落个不停，红旗冻僵了，风都吹不动它。在轮台东门外欢送你回京去，大雪盖满了天山路。山路迂回曲折已看不见你，雪上只留下一行马蹄印迹。

诗里有较多的时空场景变化，我们可以在脑中进行一定的加工，借助相关情景辅助记忆。

由“北风卷地百草折，胡天八月即飞雪”，我们可以想到，北风呼呼地吹着，吹到地上，把百草折断了；吹到空中，八月就开始下起了雪。这些飞雪在风中飘扬，落到了树上，树枝覆盖晶莹的冰雪，像梨花盛开一样，这就是“忽如一夜春风来，千树万树梨花开”。飞雪继续前行，吹进树下的帐篷里面，打湿了帘幕，无论是狐裘还是锦被都显得特别单薄，也就是“散入珠帘湿罗幕，狐裘不暖锦衾薄”。床头挂着的角弓也落了冰雪，冻僵了，几乎拉不开了，所以“将军角弓不得控”；床头还挂着铁甲，铁甲也被冰雪覆盖了，冷得穿不下去了，即“都护铁衣冷难着”。

帐篷后面是一片广阔的沙漠，寒风挟裹着飞雪奔向沙漠，沙漠铺满了厚厚的冰雪。风继续往上吹，把雪吹到了空中，乌云密布，于是我们记住了“瀚海阑干百丈冰，愁云惨淡万里凝”。而另外一个帐篷里面，主帅正在摆酒为客人饯行，他们喝着酒、唱着歌，还有人演奏胡琴、琵琶和羌笛助兴，于是就有了“中军置酒饮归客，胡琴琵琶与羌笛”。

帐篷里酒意正浓，帐篷外雪越下越大，军旗也被雪冻僵了，风都吹不动它，我们可以想到“纷纷暮雪下辕门，风掣红旗冻不翻”。酒席完毕，主帅在轮台东门外送客人回京，大雪盖满了天山路，也就容易记住“轮台东门送君去，去时雪满天山路”。客人越走越远，逐渐消失在暴雪中，最终山回路转，不见踪影，雪地上只留下了马行过的痕迹，即“山回路转不见君，雪上空留马行处”。

在这首诗中，我们跟随着飞雪，经过一个又一个的场景：雪在地上，雪在空中，雪在树上；雪在帐篷里，在床褥上，在角弓和铁甲上；在沙漠里，在沙漠的上空；在主帅的帐篷里，在主帅帐篷外的旗杆上；在主帅送别客人的轮台东门和山路上。

通过一定的想象加工，利用风雪这条线索，我们把整首诗中的场景串起来，这就是场景记忆法。使用场景记忆法时，融入一些形象、动作、情感等内容，更有利于记忆。

用思维导图法记忆《念奴娇·赤壁怀古》

思维导图是英国人东尼·博赞创建的，它运用图文并重的技巧，把各主题的关系，以隶属或并列的方式表现出来。这是一种表达发散思维的有效工具，东尼·博赞利用这一工具有效整理了自己的思维。在记忆古诗时，我们也可以把作者要表达的要点通过这一工具整理出来，让我们的记忆更加清晰和明确。

我们用思维导图记忆苏轼的《念奴娇·赤壁怀古》。

念奴娇·赤壁怀古

苏轼

大江东去，浪淘尽，千古风流人物。故垒西边，人道是，三国周郎赤壁。乱石穿空，惊涛拍岸，卷起千堆雪。江山如画，一时多少豪杰。

遥想公瑾当年，小乔初嫁了，雄姿英发。羽扇纶巾，谈笑间，强虏灰飞烟灭。故国神游，多情应笑我，早生华发。人生如梦，一尊还酹江月。

对这首词进行分析，你会发现它只讲了四点内容：江、故垒，公瑾和故国。

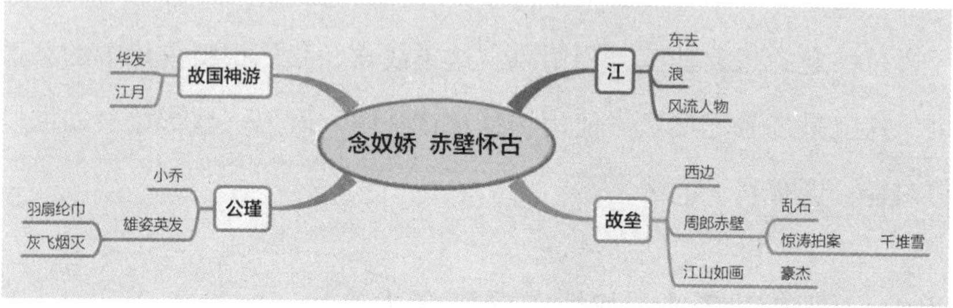

关于江，他写了大江的去向，江面的浪涛，由大江想到风流人物。

关于故垒，他写了故垒的方位，西边；写了周郎赤壁，讲到赤壁的一些景象，乱世穿空和惊涛拍岸。看到这个景象他发出感慨，江山如画，一时多少豪杰。

关于公瑾，遥想公瑾当年，第一个想到的是小乔出嫁，接下来想到公瑾气宇轩昂的样子，他的雄姿英发体现在羽扇纶巾上，以及他谈笑间，让强虏灰飞烟灭。

关于故国，他神游故国，想到自己年岁已高，长出了白头发，也想到人生如梦，想到一尊还酹江月。

通过思维导图，我们能够清楚知道作者写作的要点，不会遗漏。而且通过逐级分解，每次记忆的内容不会太多，负担不会太重。

使用思维导图，要注意的是：第一，每一级的要点不能多，尽量不要超过七个，以符合短时记忆的规律。第二，结构层次要明显，容易理解。第三，各要点之间按照一定的顺序进行罗列。在表明要点的时候尽量用关键词，这中间可能会用到抽字串联法、直接串联法或者故事串联法，甚至用到直接逻辑理解的方式。利用思维导图，一篇较长的诗词就可以被分解成不同级别的要点，也就方便了我们逐级记忆。

用数字定桩法记忆《春江花月夜》

《春江花月夜》共有18句，背诵起来非常麻烦，这里我们用数字定桩法来记忆。

春江花月夜

张若虚

春江潮水连海平，海上明月共潮生。

滟滟随波千万里，何处春江无月明。

江流宛转绕芳甸，月照花林皆似霰。

空里流霜不觉飞，汀上白沙看不见。

江天一色无纤尘，皎皎空中孤月轮。

江畔何人初见月？江月何年初照人？

人生代代无穷已，江月年年只相似。

不知江月待何人，但见长江送流水。

白云一片去悠悠，青枫浦上不胜愁。

谁家今夜扁舟子？何处相思明月楼？
可怜楼上月徘徊，应照离人妆镜台。
玉户帘中卷不去，捣衣砧上拂还来。
此时相望不相闻，愿逐月华流照君。
鸿雁长飞光不度，鱼龙潜跃水成文。
昨夜闲潭梦落花，可怜春半不还家。
江水流春去欲尽，江潭落月复西斜。
斜月沉沉藏海雾，碣石潇湘无限路。
不知乘月几人归，落月摇情满江树。

使用数字定桩法记这首诗有三个步骤：第一步，将内容进行合理分组，我们将每一句作为一组。第二步，将分组后的内容依次与数字所代表的编码建立联系。第三步，根据数字对照还原全部内容。下面以前十句为例，根据前文的数字编码表，展示数字定桩法的记忆功能。

第一句是“春江潮水连海平，海上明月共潮生”。我们可以想象一个景象，春江里面的潮水慢慢上涨，与海平面连在一起，一轮明月从海上升起，好像是与潮水一起涌出来的。这个景象发生在数字 1 的编码对应的树下面，我们可以想成树下是春江。于是，由数字 1，我们想到它的编码树，就能想到树下的春江、潮水和海上明月。

第二句“滟滟随波千万里，何处春江无月明”。它表达的意思是月光照耀着春江，随着波浪闪耀千万里，所有地方的江水都有明亮的月光。数字 2 的编码是鹅。“滟滟”，我们可以谐音成“燕燕”，两只燕子站在鹅的身上，与鹅一起随波到千万里之外，月光照在鹅和燕子的身上，显示它们特别突出。

第三句“江流宛转绕芳甸，月照花林皆似霰”。意思是江水曲曲折折绕着花草丛生的原野流淌，月光照射进开遍鲜花的树林里，好像细密的雪珠在闪耀。数字 3 的编码是弹簧，我们可以想成江流宛转，绕成弹簧的样子。弹簧似的江流里面有一片芳草的原野，月光照在花林上，就像叶片上散落着雪珠一样。这个景象也特别诱人。

第四句“空里流霜不觉飞，汀上白沙看不见”。意思是月色如霜，所以霜飞无从察觉，汀上的白沙和月色融合在一起看不分明。数字 4 的编码是帆船，我们可以想到，月光照耀着帆船，因为霜的颜色和月光的颜色类似，所以在船上不觉得霜在飞舞。帆船继续往前走，来到汀上的白沙上面，白沙与月光的颜色一样，所以汀上看不见白沙。

第五句“江天一色无纤尘，皎皎空中孤月轮”。意思是天空中一尘不染，只有一轮孤月高悬空中。我们可以把“皎皎”谐音成“搅搅”，江水不断地搅动。数字 5 的编码钩子突然离开江天一色的江面，钩住了空中的一轮明月。

第六句“江畔何人初见月？江月何年初照人”。数字 6 的编码是勺子，我们可以想成，江畔有人拿着勺子做话筒，对着月亮问谁是第一个见到你的人，对应“江畔何人初见月”。你们初次相见是哪年，对应“江月何年初照人”。

第七句“人生代代无穷已，江月年年只相似”。数字 7 的编码是镰刀，“代代”可以谐音成“袋袋”，一个镰刀钩破了两个袋子，透过月光，发现里面的生姜长相相似，还连在一起。这里根据内容进行了谐音和望文生义，方便我们来记。

第八句“不知江月待何人，但见长江送流水”。数字 8 的编码是眼镜。我们可以想成在眼镜的镜片上，左边是一个问号，右边贴着一轮明月，这样一副眼镜不知道戴到何人的脸上。但镜框太大了，眼镜滑下来，掉到长江里面，随波逐流。

第九句“白云一片去悠悠，青枫浦上不胜愁”。数字 9 的编码是淋浴头，从淋浴头里面喷出许多泡沫，看起来像白云一样，它悠悠飘荡，飘到了青色的枫叶上面，对应的地名是青枫浦，这里很多人特别忧愁。

第十句“谁家今夜扁舟子？何处相思明月楼”。数字 10 的编码是棒球，可以想成今夜一个棒球砸到了谁家的扁舟子上，然后又弹跳上了明月楼。

这样，我们很容易记住这首诗的前十句，剩下的八句大家也可以用这个方法进行数字定桩，然后快速记忆下来。

学科记忆专题
——历史

历史年代轻松记

辛亥革命发生在哪一年？

A. 1910 年　　B. 1911 年　　C. 1912 年　　D.1920 年

在学生时代，我（李威）经常记错的一个知识点就是辛亥革命爆发的年代，我常记成 1912 年或 1910 年，而正确时间是 1911 年。现在，这个时间对我来说特别简单，因为 1911 的后三个数字 911 是美国遭遇恐怖袭击的日期。我把它想象成，当年孙中山先生就是用这种自杀式的方式攻击了故宫，推翻了清王朝。

在历史事件所发生的年代中还能找到很多有特殊含义的数字。比如，公元前 119 年，张骞第二次出使西域。119 这个数字是火警的电话号码，我就想成张骞之所以要再出使西域，是因为之前去西域的路上遇到火险，119 消防队把他送回去了。再比如，公元 120 年罗马重建万神殿的主体建筑。我想成，建筑万神殿是一个巨大的工程，在这个工程中有人受伤了，于是 120 救护车来救治这些受伤的建筑工人。像这样用有特殊含义的数字的方式记历史年代的方法，我们称之为以熟记新。

我们可以在以熟记新的基础上，再通过计算的方式来记住事件发生的时间。比如，《辛丑条约》签订于 1901 年，比辛亥革命的爆发早十年，两个历史事件名称中都有“辛”字，相差的年数正好又是一个整数。于是，我就用已经记住的1911年辛亥革命来记忆1901年签订了《辛丑条约》。再比如，马克思在1818年5月5日诞生，1818听起来像一巴掌、一巴掌。马克思的出生像一巴掌、一巴掌打在资本主义的脸上，资本主义呜呜大哭。恩格斯比他小两岁，由1818年可以计算出，恩格斯是1820年诞生；列宁又比恩格斯小50岁，于是，我们就知道列宁是在1870年诞生的。通过记住马克思的出生时间，使用计算的方法就可以记住其他人的出生时间。

第二种常用来记忆历史年代的方法是谐音法。中国四大发明之一的造纸术，是蔡伦在公元105年改进的。105，听起来像“要领悟”。作为四大发明之一，造纸术一定要被人领悟。要领悟蔡伦造纸术的精髓，于是，我们记住了公元105年。

再比如，张角领导的黄巾起义发生在公元184年。184，听起来像“要罢市”，可以想象成张角领导黄巾起义是因为他要罢市，要带领工人罢工，让每个人都系带黄头巾。184，听起来也像“要巴士”，也可以想象成张角领导起义的时候，很多人坐在一辆巴士上，巴士上还拉着黄色头巾做的条幅。

再比如，赤壁之战爆发在公元208年。208，听起来像“儿领爸”。这跟赤壁之战有什么关系呢？赤壁之战被拍成了电影，儿子特别想看这部电影，于是儿子领着爸爸一起去看。208，谐音成“儿领爸”，想象成儿子领着爸爸一起去看电影《赤壁之战》。

第三种常用的记忆方法叫编码法。这也是世界记忆力锦标赛的高手们普遍使用的方式。将数字进行灵活编码之后，再与记忆的内容进行联系。

比如，1689年中俄签订了《尼布楚条约》。根据前文的数字编码表，16的编码是石榴，89的编码是芭蕉。石榴、芭蕉与《尼布楚条约》有什么关系呢？我们可以想成用石榴汁在芭蕉叶上写条约，随着时间的推移，芭蕉叶褪色，文字就变得模糊，于是你就不清楚条约内容了。尼布楚，谐音成“你不（清）楚”。你不清楚，为什么呢？因为是用石榴汁在芭蕉叶上签的，于是想到了1689这个数字。

再比如，1839年，林则徐在虎门销烟。18的编码是腰包，39的编码是三角。可以想成，林则徐自掏腰包到三角形的山丘上进行销烟活动。

第四种常用的方法是把谐音法和编码法结合起来。比如，虎门销烟的1839年。可以将18谐音成“一把”，39的编码是三角，可以想成，林则徐拿着一把三角板去虎门销烟。

还有些历史事件之间间隔的时间相同。比如，1841年，广州的三元里爆发抗击英国侵略者事件；十年之后，1851年金田起义爆发；再过十年，1861年总理衙门建立；1871年，马克思写成《法西斯内战》；1881年，中俄签订《伊犁条约》。这些历史事件之间都是隔着十年，可以放到一起记忆。我们用抽字串联法分别抽出“三”“金”“衙”“西”“伊”，再谐音成“三斤牙洗衣”或“三金牙吸衣”，可以想成用三斤牙齿来洗衣服，或者三颗金牙吸住了衣服。而初始年份1841年中的41，数字编码是死鱼，以上内容就可以想成死鱼用三斤牙齿洗衣服。

历史知识巧妙记

学会记忆历史年代和日期后，我们再通过以下题目分享其他历史知识的记忆。

中华文明源远流长，被华夏儿女尊为“人文初祖”的是：

A. 蚩尤　　B. 黄帝　　C. 尧　　D. 禹

中国有“三皇五帝”，“五帝”主要是指黄帝、颛顼、帝喾、尧和舜。在记忆“五帝”时，我们可以用抽字串联法，分别抽出“黄”“颛”“帝喾”“尧”“舜”。再用谐音法，把颛谐音成“砖”，把帝喾谐音成“地库”。整体就变成“黄砖地库尧舜”，想象成黄色砖头做的地库，把尧和舜关在了里面，这样我们就可以记住五帝。

尧在“五帝”里面排位较后，肯定不是初祖。禹更是在尧的后面，肯定不是，所以排除 C 和 D 选项。那么，蚩尤和黄帝又有什么样的关系呢？在中国神话传说中，蚩尤是上古时代九黎部落的首领，被奉为“兵主战神”。在五千多年前，九黎部落与炎黄部落发生战争，蚩尤败于黄帝，黄帝胜利后，一统中原，成为华夏正统。那么蚩尤就不可能是整个中华民族的人文初祖，答案就只有黄帝了。

既然是“人文初祖”，他必然对中华民族的物质文明和精神文明做出巨大贡献。黄帝开启了中华民族灿烂的文明先河，在中华文明的历史上起奠基作用，我们自称“炎黄子孙”也是这个原因。

从这个角度来看，我们不仅要记住历史人物的名字，还要记住他们的先后顺序以及他们在历史上的贡献。

我国古典文学成果灿烂辉煌，下列文学家及作品出现时间最早的是：

A. 曹雪芹《红楼梦》　　B. 李白《早发白帝城》

C. 关汉卿《窦娥冤》　　D. 苏轼《念奴娇·赤壁怀古》

如果能记住中国的历史朝代，这一题就简单了。历史书上会有一些朝代歌，比如：三皇五帝始，尧舜禹相传，夏商与西周，东周分两段，春秋和战国，一统秦两汉，三分魏蜀吴，二晋前后沿，南北朝并立，隋唐五代传，宋元明清后，皇朝至此完。

虽然这样的朝代歌朗朗上口，但并不是很好记忆，它们始终还是文字性的内容，我们可以用编故事的方法把它变得更加好记忆。我们可以编这样一个故事：一个瞎子商人叫周春秋，他站在古琴边，汗衫浸男背，水淌武松。故事中的“瞎商”对应夏商，“周春秋”对应周和春秋。“他站在古琴边”，站对应的是战国，琴是指秦朝。“汗衫浸男背”，他的衣衫被汗打湿了，浸泡之后贴在男人的背上，对应的是汉代、三国、晋朝、南北朝。“水淌武松”，汗水特别多，都能够淌跑武松。水淌对应的是隋和唐，武松对应的是五代十国和宋朝。元明清比较容易被记住。这种编故事加谐音的方法更有图像感，能让历史朝代记忆变得更容易。

记住了历史朝代，再看题目答案，曹雪芹是清代的，李白是唐代的，关汉卿是元代的，苏轼是宋代的，答案明显是 B 选项。

这个条约并不是由互相平等谈判达成的，而是一场战争后强加给中国，并使中国完全沦为半殖民地。这个条约是：

A. 南京条约　B. 北京条约　C. 马关条约　D. 辛丑条约

答案是 D 选项。辛丑条约是在清朝义和团运动失败之后，八国联军攻入北京时签订的，签订日期是 9 月 7 日，也称为“九七国耻”。它是中国近代史上赔款最多、主权丧失最严重的一个不平等条约，自此之后中国完全沦为半殖民地。

这里面有几个常考的知识点。第一个是“八国联军”是哪几个国家。“八国联军”是俄国、德国、法国、美国、日本、奥匈帝国、意大利、英国，用抽字串联法，变成了“俄、德、法、美、日、奥、意、英”，谐音一下变成“饿的话，每日熬一鹰”，如果饿的话，每日熬一只鹰来吃。这样就容易记忆了。

第二个是《辛丑条约》的主要条款有哪些。主要有四条，第一条是中国赔款，本息共计约 9.8 亿两白银。第二条是划定北京东交民巷为使馆界，允许各国驻兵保护，不允许中国人在界内居住。第三条是清政府保证严禁人们参加反帝运动。第四条是清政府拆毁天津大沽口到北京沿线设防的炮台，允许列强各国派兵驻守从北京到山海关沿线。

我们可以用串联法来记忆这四条。首先，要在北京的东交民巷划定使馆界，允许各国派兵驻守，不允许中国人在界内居住。为什么呢？这么规定是为了防止人们参加反帝运动。人们为什么要举行反帝运动呢？因为条约规定中国要赔偿约 9.8 亿两白银。为了防止反帝运动，他们拆除了从天津大沽口到北京沿线的炮台，还沿线派兵驻守。这样我们就可以用把《辛丑条约》的主要条款都记忆下来。

淮海战役是人民群众用小车推出来的，与淮海战役密切相关的城市是：

A. 锦州　　B. 北京　　C. 徐州　　D. 南京

答案是C选项。淮海战役是中国人民解放战争中的“三大战役”之一，经常有人分不清楚“三大战役”的先后顺序，所以我们有必要记住它们的日期。

这“三大战役”都是1948年发生的，其中辽沈战役是9月12日开始的，912可以谐音成“救婴儿”，辽沈战役是为了救东北三省的婴儿，战争主要集中在沈阳、长春和锦州等地。

淮海战役是11月6日开始的，116听起来像“要一流”，可以想成我们需要一流的战斗设施，所以发动了淮海战役。战役发生在沿海，正好能够把一流的设施运走。淮海战役是以徐州为中心发起的战争，所以答案选徐州。

平津战役是11月29日开始的。1129谐音成“要，要儿救”，想成从北平到天津之间有孩子在求救，我们要去救他们，所以我们发动了这场战役，控制了北平、天津和华北的大片区域。

这样，我们就可以把“三大战役”的先后顺序记下来。

通过以上这几个例子，我们可以总结出记忆历史知识时常用的记忆方法。诸如历史年代和一些特有的名词，我们可以用特殊数字进行配对记忆；一些并列的知识，如“三皇五帝”“八国联军”，我们可以用抽字加谐音的方法来记；而类似历史事件的意义等，我们既可以用标题定桩法来记，也可以抽取关键词语后，用串联法来进行记忆；关于历史朝代等知识，我们可以用抽字法和编故事的方法进行记忆。总之，对历史知识的记忆，我们要根据知识的特点，灵活运用各种记忆方法。

学科记忆专题——地理

地理学科的知识点特别繁杂，有文字类的、数字类的，还有图形类的。就单个知识点而言，有的信息比较少，有些却特别多。我们结合一些具体的例子来说明如何记忆地理知识。

首先是文字信息的记忆。比如，我国降雨量最多的地方是哪里？答案是台湾的火烧寮。火烧寮，谐音“火烧了”，火烧着了，当然要用水来浇熄，所以中国降水最多的地方就是火烧寮。

再比如，玛雅文明产生于哪个大洲？答案是美洲。玛雅，谐音成“妈呀”。妈呀，真是特别的美啊，这样就把玛雅和美洲建立起了联系。

山东和山西两省之间的山是哪座山？答案是太行山。太行（háng），我们把它改成读作“太行（xíng）”。这座山太行（xíng）了，太厉害了，把两个省分割开了。

长江和黄河的发源地在哪个省？答案是青海省。我们可以想象，发源地的水都特别清，而且像大海一样的多，于是就想到了青海。

有时候我们会遇到一些复杂的考题。比如，中国是海陆兼备的国家，拥有大约 1.8 万千米的大陆海岸线，请写出我国临海省级行政单位的简称。

要想准确回答这一题，首先我们要知道有哪些临海的省级行政单位。沿大陆海岸线，共有 14 个临海省、直辖市、特别行政区和自治区，由北到南依次是辽宁、河北、天津、山东、江苏、上海、浙江、福建、台湾、广东、香港、澳门、海南和广西。

然后，我们还要知道每一个省级单位的简称是什么。有一些省级单位的简称是其名称的简写，比如辽宁简称辽，天津简称津，江苏简称苏，浙江简称浙，台湾简称台，香港简称港，澳门简称澳。有一些则与其名称没有直接的关系，比如河北简称冀，山东简称鲁，上海简称沪，福建简称闽，广东简称粤，海南简称琼，广西简称桂。对于这些没有特别严格对应关系的怎么进行记忆呢？这里就可以用到配对联想法。比如，河北简称冀，“冀”这个字上面是“北”，中间是“田”，下面是“共”，可以想成河北的田是大家共有的，这样就能够给它们建立起联系。山东简称鲁，我们都知道山东鲁能，这样也能想到山东与鲁的关系。福建简称闽，我们可以想到福建人都说闽南语，或者想成福建的渔民特别多，闽谐音成“民”。海南简称琼，海南这个地方以前特别穷，官员犯了错误都会被流放到这个地方。广西简称桂，广西有一个地方叫桂林，“桂林山水甲天下”，所以想到广西就想到桂。

记住 14 个临海省级行政单位，又能明确每个省级单位的简称，两者对应起来，这一题的答案也就出来了。

有些地理知识可以编成故事串联起来。比如，危害世界的四大自然灾害是什么？它们分别是火山爆发、地震、水灾和台风。我们可以按照逻辑方式把它们联系起来，火山爆发的时候会引起地震，从地下喷出来的气流形成台风，台风到天上之后会形成降雨，于是产生了水灾。这样可以把它们串联起来。

但有一些内容很难通过故事串联或者逻辑理解建立联系，我们可以试着用其他的方法。比如，影响气候的主要因素有纬度、海陆、地形地势、洋流和人类活动等。我们可以用抽字串联法，从人类活动中抽出“人”字，从洋流中抽出“流”字，从纬度中抽出“纬”字，从海陆中抽出“海”字，从地形地势中抽出“地”字，组成“人流纬海地”，再把“纬”谐音成“围”，就变成了“人流围住了海地”。这样用抽字串联法很容易把它们记下来。

有时候题目会给出一个图形，让你判断这是哪个国家或者哪个省。网上有一篇文章提到，怎样在一分钟内记住欧洲的23个国家。所采用的方法是把地图转化成不同的形状，然后与国家名称建立联系。比如，波黑的地图看起来像飞船，我们可以想成飞船的玻璃特别黑。比利时的地图像一个人在下腰，而比利时可以谐音成“比例尺”。我们可以想成，在下腰的时候要小心，要用比例尺来量一下。匈牙利被称为“土豆国”，因为它的地图形状很像土豆，我们想成一个很凶的人，牙齿很锋利，爱吃土豆。挪威被称为“蝌蚪国”，因为它的形状像蝌蚪，蝌蚪慢慢往前挪，就想到了挪威。

国家地图可以这样记，省级地图也可以这样记。比如，黑龙江的形状看起来像恐龙，由这个形状想到黑龙江。吉林的形状看起来像手捧花，可以想成从吉祥的树林里摘出来的手捧花。山东的形状看起来像蜗牛，可以想成蜗牛从山洞里面爬出来。山西的形状看起来像猪蹄，我们想到猪蹄踩到了山西的煤矿，所以染黑了。湖南的形状看起来像一个侧着脸的女孩子，鼻子特别尖，像尖椒一样，我们就可以想到湖南爱吃辣椒的辣妹子。广东的形状看起来像广东的广字。广西的形状看起来像一朵花，我们可以想到逛西边的公园的时候有人送给你一朵花儿。云南的形状看起来像千纸鹤，可以想成千纸鹤飘到了彩云之南。

有一些人对国旗比较感兴趣。比如，俄罗斯国旗的上面是白色，中间是蓝色，下面是红色的。我们可以发挥想象力，想到俄罗斯特别冷，白雪盖在了蓝色的冰冻湖泊上，蓝色的冰冻湖泊下面是红色的冻土，这样就与俄罗斯特别冷的特点建立了联系，也就记住它是俄罗斯的国旗了。

学科记忆专题——政治

记忆政治学科的内容一般有四种方法：一是逻辑理解记忆，二是自我逻辑理解记忆，三是串联记忆，四是场景记忆。

逻辑理解记忆，强调要理解所需要记忆的内容，必要的时候进行合理分组或者分段，将所要记忆的内容化整为零，分块进行记忆。

比如，记忆社会主义核心价值观。

社会主义核心价值观

富强、民主、文明、和谐、

自由、平等、公正、法治、

爱国、敬业、诚信、友善。

我们可以将以上内容分为3个层面。第一个层面是国家层面，包括“富强、民主、文明、和谐”。对国家而言，发展才是硬道理，发展的目标是实现“富强”，实现“富强”的方式需要大家“民主”讨论。在发展的过程中，我们要重视“物质文明”和“精神文明”的“和谐”统一。第二个层面是社会层面，包括“自由、平等、公正、法治”。在社会中进行的贸易必须是在“自由”市场进行，所有参与者都是“平等”的。遇到问题时，要依靠“公正”的“法治”来解决。第三个层面是个人层面，包括“爱国、敬业、诚信、友善”。作为一个中国人，我们要做到“爱国”“爱岗”“爱家”。“爱岗”要做到“敬业”和“诚信”，“爱家”的人都很“友善”。通过这样的划分，我们就很容易记住社会主义核心价值观的内容了。

第二种方法叫作自我逻辑理解记忆。比如，记忆正确的消费观念。

正确的消费观念

量入为出，适度消费。

避免盲从，理性消费。

保护环境，绿色消费。

勤俭节约，艰苦奋斗。

我们可以按照自我逻辑，调整这四点的顺序，把第四点放在最前面，只有勤俭节约、艰苦奋斗，我们才会有一定的收入。有了收入才能量入为出、适度消费。收入越来越高的时候，要避免盲从，要理性地消费。收入更高后，还要讲素质，要保护环境、绿色消费。这样一来，按照我们自己设定的逻辑把这四点串起来，就容易记忆了。

第三种方法是用故事串联、抽字串联或直接串联的方法，把各要点串联起来进行记忆。比如，主权国家享有的基本权利有四点：独立权、平等权、自卫权和管辖权。我们用抽字串联法，从独立权里抽出“独”字，从自卫权中抽出“自”字，从管辖权中抽出“辖”字，从平等权中抽出“等”字，四项权力就变成“独、自、辖、等”，谐音成“独自瞎等”。想到一个人独自地瞎等别人，就想到了独立权、自卫权、管辖权和平等权。

第四种方法是将需记忆的内容具体化、场景化。政治学科的很多内容都比较抽象、难以理解，如果能把它们具体化、场景化，记忆的难度就会降低。比如，记忆劳动者依法享有的权利。

劳动者依法享有的权利

平等就业和选择职业的权利。

取得劳动报酬的权利。

休息休假的权利。

获得劳动安全卫生保护的权利。

接受职业技能培训的权利。

享受社会保险和福利的权利。

提请劳动争议处理的权利。

我们来想象你从参加工作到辞职的整个过程。最开始参加工作的时候，你要去找工作，有平等就业和选择职业的权利；被录取之后，你要办理社会保险等，于是享有社会保险和福利的权利；上岗之前，你要接受职业技能培训，所以有接受职业技能培训的权利；开始工作后，你会对工作环境有一定的要求，所以有获得劳动安全卫生保护的权利；工作一段时间，你要休假和休息，所以有休息休假的权利；再工作一段时间，该发工资了，你有取得劳动报酬的权利；万一雇主不让你休息，又不给你劳动报酬，那你当然有提请劳动争议处理的权利，最后你辞职了。

我们再举一个场景记忆法的例子。生产和消费的关系中，消费会反作用于生产，主要有以下四种情况。

消费对生产的反作用

消费是生产的目的。

消费所形成的新需要，对生产的调整和升级起导向作用。

消费是生产的动力。一个新的消费热点的出现往往能够带动一个产业的出现和成长。

消费为生产创造出新的劳动力，并提高劳动力质量，提高劳动者的生产积极性。

我们可以把这个知识点应用于智能手机。智能手机出现后，手机生产行业发生了巨大变化，对应第三条“消费是生产的动力。一个新的消费热点的出现往往能够带动一个产业的出现和成长”。因为人们有购买智能手机的需要，所以智能手机被大量生产，对应第一条“消费是生产的目的”。人们的要求越来越多，使得智能手机的功能越来越强大，仅移动支付就有人脸识别、指纹支付等方式，对应第二条“消费所形成新的需要，对生产的调整和升级起导向作用”。手机厂商越来越多，人们制造智能手机的技能也逐渐提高，对应第四条“消费为生产创造出新的劳动力，并提高劳动力质量，提高劳动者的生产积极性”。

总之，在记忆政治学科内容时，我们可以根据具体内容，灵活采用以上几种方式，来有效降低记忆的难度。

学科记忆专题——数学

在学习数学的过程中，我们会遇到很多困难，其中一个普遍的难题就是对数学公式的记忆。数学公式中的符号种类繁多，并且形式类似，非常容易混淆，传统的记忆方法很难应用在数学公式的记忆上。在这里，我们介绍一些在学习数学过程中经常使用的记忆技巧。

第一个技巧是，尽量多地使用口诀记忆关键知识点。口诀是非常精炼的，朗朗上口，记忆起来没有难度，只需要花时间弄明白口诀的含义即可。有时候，一句简单的口诀可以帮助我们记住很多数学公式，比如三角函数中的诱导公式。诱导公式是指三角函数中将角度比较大的三角函数，利用角的周期性转换为角度比较小的三角函数。诱导公式有 6 组共 54 个，下面列举 4 个最简单的诱导公式：

$\sin(90° - \alpha) = \cos\alpha$　　$\sin(90° + \alpha) = \cos\alpha$

$\cos(90° - \alpha) = \sin\alpha$　　$\cos(90° + \alpha) = -\sin\alpha$

一开始看到这 4 个公式，会觉得它们实在太相似了，很难用好的方法记住它们。但是根据口诀“奇变偶不变，符号看象限”，我们就能记住所有的诱导公式且不会出错。

口诀中的“奇偶”指的是公式中的角度是 90° 的奇数倍还是偶数倍；“变”和“不变”指的是三角函数的名称是否改变；“符号看象限”是指把

α 看成锐角，判断 90° 加减 α 所在的象限，从而确定三角函数值的正负号。只要理解了口诀的内容，学会运用它的方法，就可以牢牢记住这些枯燥乏味的沉闷公式。

第二个技巧是利用图像理解数学公式。在坐标轴上画函数图像是学习数学最重要的一个技能，利用函数图像来观察总结，结论一目了然，简洁直观。所以，以数形结合的方式分析数学问题往往简单明了，事半功倍。例如一元二次不等式的解法，需要将一元二次不等式 Ax^2+Bx+C 大于 0 或小于 0，以及一元二次方程 $Ax^2+Bx+C=0$ 和一元二次函数 $y=Ax^2+Bx+C$ 联系起来，画出一元二次函数的图像，如下图所示，这样根据图像可以很容易理解。位于 x 轴上方的函数图像就代表不等式 $Ax^2+Bx+C>0$ 的情况，位于 x 轴下方的函数图像代表不等式 $Ax^2+Bx+C<0$ 的情况，而图像与 x 轴的交点是一元二次方程 $Ax^2+Bx+C=0$ 的解，所以我们可以利用一元二次函数的图像来理解一元二次不等式的问题。

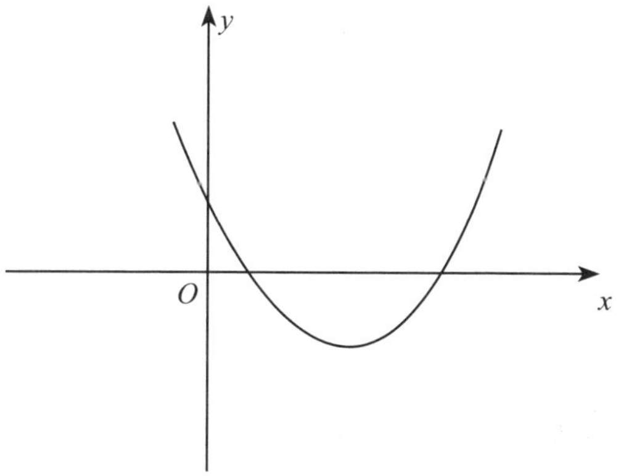

一元二次函数图像

再举一个例子。很多特殊角度的三角函数值经常会被使用，尤其是切线角的三角函数值，这些值极为相近，非常难记。我们可以画直观的坐标系，标出各个切线角的位置。在四个坐标半轴上取出四个单位点，取单位点的好处在于让 $r=1$，利用三角函数的定义 $\sin\alpha=y/r$，$\cos\alpha=x/r$，$\tan\alpha=y/x$，我们就可以直接得出这三个三角函数的值，而且绝对不会混淆。

第三个技巧是利用计算和推导来掌握数学公式。在中学数学中，经常会用到特殊角的三角函数值，比如求三角形的面积或者是诱导公式的化简问题等。有人总是记不住，有人是张冠李戴经常混淆。在这些问题上，我们只需要画出几种直角三角形的图形，利用其边角关系，通过计算，就可以轻松解决这个问题。

首先我们画一个等腰直角三角形，如下图所示，两条等腰长均设为1，根据勾股定理则斜边为 $\sqrt{2}$ 。此时，根据三角函数的定义，我们可以得到 $\sin45^\circ$ = 对边 ÷ 斜边，等于 $1/\sqrt{2}$ ，也就是 $\sqrt{2}/2$ 。$\cos45^\circ$ = 邻边 ÷ 斜边，也就是 $\sqrt{2}/2$ 。$\tan45^\circ$ = 对边 ÷ 邻边，等于 1。

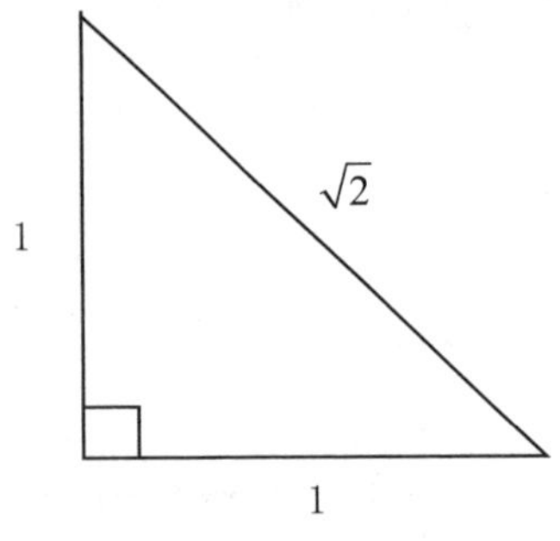

等腰直角三角形

同样，我们也可以画一个内角分别为 30°、60°和 90°的直角三角形，分别得到 $\sin30^\circ$、$\cos30^\circ$、$\sin60^\circ$和 $\cos60^\circ$的三角函数值。运用这种方法，不用死记硬背，只要动一动笔头就能计算出特殊角的三角函数的值，而且是准确无误的。

第四个技巧是用图表梳理知识脉络。每一个数学学得好的学生都会有一本总结得非常好的笔记，笔记中会用图表的形式来梳理知识脉络。用图表梳理脉络有很多好处，梳理清楚之后该范围内所有的内容都会变得有条理，互相之间的联系也会牢固，不容易遗漏知识点。这里，我们以“全等三角形的判定”为例。

两个三角形全等，说明它们所有对应的边和所有对应的角都相等，这是全等三角形的性质。每个三角形有三条边、三个角，共六个要素，至少有三个要素对应相等才能判定它们全等。三个要素对应相等会包含哪些组合呢？我们列如下所示的表就可以一目了然。

三条边相等	三个角相等	两角一边相等	两边一角相等

我们一个一个地进行分析。第一，三条边相等是否能够判断两个三角形全等？答案是肯定的。第二，三个角相等是否能够判定两个三角形全等？这个答案是否定的。因为仅三个角相等的话，两个三角形有可能形状相似，但是边长不一样。第三，两个角、一条边相等是否可以判定全等？答案也是肯定的。三角形内角总和是180°，已知两个角相等了，剩下的角肯定也相等。三个角相等，形状就相似了，再加上相等的一条边固定了三角形的大小，所以这两个三角形是全等的。第四，两条边、一个角相等的情况。这个情况比较复杂，我们可以把这一栏再细分一下。如果，两条边和这两条边的夹角对应相等，这两个三角形全等。如果不是夹角，但是相等的这个角是直角或钝角，两个三角形也是全等的。但如果不是夹角而且相等的角是锐角，就无法证明两个三角形是全等的。经过这样一番分析，我们可以

整理图表如下所示。这样，我们就彻底弄明白了全等三角形的内在规律。

三条边相等	三个角相等	两角一边相等	两边一角相等		
			两条边和夹角	两条边和直角或钝角	两条边和锐角
全等		全等	全等	全等	

用图表对知识点进行总结和梳理，不仅可以让记忆更加牢固、减少遗漏，还可以让我们以后的复习变得更加简单。

学科记忆专题——化学

化学研究物质的组成、性质和变化的规律，相比数学，化学的知识更直观、更容易理解，但是在学习化学的过程中需要记忆的东西比数学公式更多，所以利用记忆法来提高学习化学的效率是十分必要的。下面，我们来学习几个适用于记忆化学知识的方法。

第一种方法叫精简法。化学实验中的每个实验都有很多步骤，这些步骤需要准确记忆，否则轻则实验失败，重则影响人身安全。好在这些实验步骤不需要自己总结，我们只要从每个步骤中提炼出最精炼的词语进行记忆，就可以大幅度减少记忆量。

我们以 CO 还原 CuO 的实验步骤为例。

CO 还原 CuO 的实验步骤

① 先通 CO。

② 点燃酒精灯进行加热。

③ 试验完毕后，熄灭酒精灯。

④ 降到室温时再停止通 CO。

⑤ 处理尾气，防止 CO 污染环境。

我们从每一句中提取最具代表性的动词，就可以把实验步骤精简为：一通、二点、三灭、四停、五处理。我们只需要记住这五个关键词，就可以轻松回忆出完整版的实验步骤。

第二种方法是谐音法。化学元素种类繁多，记忆元素的名字难度很大，很多时候需要利用谐音将其转化为常见的词语进行记忆。谐音法使用起来很灵活，非常适合记忆化学元素，比如记忆元素周期表，先反复读几遍，按周期分成一句一句的，然后利用谐音进行联想。以第四周期的“钾钙镓锗砷硒溴氪”为例，先将前四个字谐音成“加盖夹着”，意思是给瓶子加盖子时被夹着了。“砷硒溴氪”可以谐音为“深吸休克”，意思是深吸一口气然后休克了。这样整句话就比较有画面感，记忆起来更加容易。再比如，地壳中的主要元素：氧硅铝，谐音转化之后就是“养闺女”，这样就不容易忘记。在很多地方都可以用到谐音法，这是一种有趣而且可靠的记忆方法，大家可以自己尝试一下。

第三种方法是将精简法和谐音法结合使用。我们以化学中固体加热制氧的步骤为例，学习这两种记忆方法的结合使用。

固体加热制氧的步骤

① 装配实验装置，检查装置的气密性。

② 将高锰酸钾装入试管中，在管口塞一团棉花，再用带导管的单孔橡皮塞塞紧试管口。

③ 用铁架台和铁夹把盛有药品的试管固定起来。

④ 给试管点火加热。

⑤ 用排水集气法收集一瓶氧气。

⑥ 移动导管离开水面。

⑦ 用灯帽盖灭酒精灯。

从上述七个步骤中各提取一个代表性的字，精简之后变成“查（检查的查）、装（装入的装）、定（固定的定）、点（点火的点）、收（收集的收）、离（移动离开的离）、熄（熄灭的熄）”。再利用谐音法将这句话变为“茶庄定点收利息”，记住这句话，就记住了固体加热制氧的七个完整步骤。

第四种方法是利用口诀记忆化学知识。在学习化学知识过程中，你会发现有些知识非常重要，比如化合价，它在计算题中经常出现。但化合价的记忆也让人十分头疼，因为元素的种类繁多，化合价也非常多，并且同一元素可能会有不同的化合价，记起来非常麻烦，也常出错。怎么记忆呢？我们可以通过口诀来记忆常见元素的化合价。

化合价口诀

一价钾钠氢与银，二价镁钙钡与锌，三价金属元素铝，

157 变价氯，245 氮，硫 46，35 有磷，

24 碳，12 铜，23 铁，2467 锰特别。

在这个口诀里，钾钠氢和银一般会出现正一价，镁钙钡与锌是正二价，铝是正三价，氯会出现一价、五价、七价，氮会出现二价、四价和五价，硫会出现四价、六价，磷会出现三价、五价，碳会出现二价、四价，铜会出一价、二价，铁会出现二价、三价，锰会出现二价、四价、六价和七价。

口诀记忆法的好处就是朗朗上口，能提高记忆的兴趣，适合记忆比较枯燥的内容。

第五种方法是总结规律。我们可以将一些散乱的知识点梳理总结，做好笔记，这样记忆目标就会明确，条理清楚，复习的时候也会变得容易。以元素周期表为例，总结元素周期表中的规律，可以帮助我们记忆一些很重要的知识点。

我们以主族元素为例，将所有主族元素按照同一周期从左到右排列，通过总结我们可以得出五个规律：第一，最外层电子数从一递增到八（第一周期从 1 递增到 2）。第二，元素的金属性逐渐减弱，非金属性逐渐增强。第三，最高价氧化物对应的水化物，碱性逐渐减弱，酸性逐渐增强。第四，元素的最高正化合价从正一增加到正七（第一周期除外，O、F 无正价）；负化合价从第Ⅳ族开始，从负四到负一。第五，元素的原子半径逐渐缩小。

掌握了这五条规律，只要知道不同元素在元素周期表中的位置，就可以直接对比它们的金属性、最高价氧化物对应的水化物的 pH 大小、原子半径大小，或者判断化学方程式中某元素的化合价是否正确，而不需要刻意记住这些内容。所以，适当总结规律也是减少记忆量的一种方法。

学科记忆专题
——物理

物理，作为一门自然科学，发展到今天已经形成自身严密而又系统的知识结构。物理的最终目的是要解释世界，它研究的内容包含万事万物，从具体到抽象，从宏观到微观，从现象到规律，从理论到实践。学好物理需要理论联系实际，注意不同情况的变化，以形成完整的知识体系。

在学习物理过程中，我们发现需要记忆的内容同样很多，其中有些不容易理解。这就需要运用记忆技巧，帮助我们提高学习的效率。

第一种常用的记忆方法是谐音法，主要用于记忆一些公式和数值。比如，物理知识中电流做功的计算公式 $W=UIt$。通过谐音可以转化为“大不了，又挨踢”。有些公式很难理解或很难被推导出来，也可以用谐音法记忆。比如，高中物理中单摆运动的周期公式为

$$T=2\pi\sqrt{\frac{l}{g}}\ ,$$

其中，l 为摆长，g 为当地的重力加速度。2π 谐音为“二拍”，根号谐音为“更好”，l/g 读作“l（斜）杠 g”，谐音为“常触及”。根据谐音，我们可以将其想象成，为了让单摆有很好的运动，要两次拍动（也就是二拍），这样才能更好地常触及它的运动周期。通过这句话就可以联想到刚才的公式。

再比如，三个宇宙速度。第一宇宙速度是 7.9 千米 / 秒，第二宇宙速度是 11.2 千米 / 秒，第三宇宙速度是 16.7 千米 / 秒。这三个速度，可以谐

音为两个人的三句对话。第一个数字 7.9，谐音为“吃点酒”，酒鬼向店家要酒。第二个数字 11.2 可以谐音为“要一点儿”，店家不给酒，但是酒鬼耍赖，说就要一点儿。第三个数字 16.7，谐音为“要留点吃”，店家很无奈，说要留点自己吃。

第二种方法是要点记忆法。抓住一个定理或定律中最关键的要点，通过这一要点推导出其他内容。这样，可以大幅缩减记忆量，同时加强对定理或定律的理解。

我们以牛顿第二定律为例。牛顿第二定律的常见表述是，在质量一定的情况下，物体的加速度与所受的外力成正比，加速度的方向与外力的方向相同。牛顿第二定律可以用公式来表示，即 $F=kma$，其中 k 是比例系数，只有当 F 以牛顿、m 以千克、a 以米每二次方秒为单位时，$F=ma$ 成立。

我们不建议直接背诵牛顿第二定律，而是通过定律的五个特点来记忆，效果会更好。这五个特点分别是：第一，瞬时性。牛顿第二定律是力瞬时作用的效果，加速度和力同时产生、同时变化、同时消失。第二是矢量性。$F=ma$ 是一个矢量表达式，加速度和力的方向始终保持一致。第三是独立性。物体受几个外力作用，在一个外力下产生的加速度，只与此外力有关，与其他力无关。第四是因果性。力是加速度产生的原因，加速度是力的作用效果。所以，力是改变物体运动状态的原因。第五是等值不等质性。虽然 $F=ma$，但是 ma 不是力，而是反映物体状态变化的情况。不管考题怎么变，只要我们记住并掌握牛顿第二定律的这五个要点，做题就绝对不会出错。

第三种方法是比较记忆法。比较记忆法的好处是，可以同时记忆两个或以上的知识点，且可以避免发生概念上的混淆。通过比较，我们可以掌握知识点相同的地方和不同的地方，而这些地方恰好又是容易出错的地方，所以这种方法对于物理概念的学习非常有效。

比较记忆法有两个规则，一个是异中求同，一个是同中求异。我们以“电场线与磁感线的异同”来举例说明。

电场线与磁感线的异同

相同点：

① 都是形象曲线，实际不存在。

② 其曲线上任意一点的切线方向都表示该点电场或磁场的方向，其疏密程度表示该点电场或磁场的强弱。

③ 两根电场线或磁感线均不能相交。

④ 电场线、磁感线均可用实验方法模拟。

不同点：

① 电场线描述电场，磁感线描述磁场。

② 电场线是不封闭的曲线，而磁感线是封闭曲线。

通过对比，我们不仅能够记住电场线和磁感线这两个概念，还能够分清它们容易混淆的地方，做题也就不会再出错。

再比如，质量与重力的关系（见下表）。

物理量		质量	重力
区别	概念	物体含有物质的多少	由于地球的吸引而使物体受到的力
	方向	没有方向	总是竖直向下
	位置对大小的影响	是物体的固有属性，同一物体在任何地方质量不变	同一物体在地球不同地方或不同高度，重力大小略有不同
	单位	千克（kg）	牛顿（N）
	符号	m	G
	测量工具	天平	弹簧测力计
联系		物体所受的重力与物体的质量成正比	

通过以上两个例子，我们可以看出，比较记忆法主要针对一些容易混淆的概念。

第四种方法是口诀记忆法。口诀记忆法在数学知识和化学知识学习中都提到过，在物理知识学习中同样也可以使用。口诀记忆法的最大好处是提升学习的兴趣，一些好用的口诀可以让记忆更加牢固，一旦理解透彻将会事半功倍。比如，凸透镜的成像规律。

凸透镜的成像规律口诀

一倍焦距分虚实，二倍焦距分大小。

物远像近小，物近像远大。

二倍焦距等倒实，焦点以内正大虚。

口诀的第一句比较容易理解，讲的是物体成像与凸透镜距离的关系。物体与凸透镜的距离大于一倍焦距时成实像，小于一倍焦距时成虚像，等于一倍焦距时不成像；物体与凸透镜的距离，大于二倍焦距时成缩小的像，小于二倍焦距时成放大的像。最后一句也比较容易理解，物体位于二倍焦距这个特殊的点时成等大、等距、倒立的实像，而位于焦点以内成正立、放大的虚像。

这个口诀的精髓在于“物远像近小，物近像远大”这一句，它有两层含义。第一层含义是从静态层面来说的，指的是物距与像距的关系。当物体在远处（大于二倍焦距）时，像在近处（一倍焦距和二倍焦距之间），这时候成缩小、倒立的实像，这是照相机的工作原理。当物体在近处（一倍焦距和二倍焦距之间）时，像在远处（大于二倍焦距），这时成放大倒立的实像，这是电影放映机的工作原理。第二层含义是从动态的变化层面来说的。当物体远离凸透镜时，像就向凸透镜靠近，而且会变小。当物体靠近凸透镜时，像就远离凸透镜而且越来越大。理解了这两层含义，在做题的时候，无论题目在远、近、大、小上如何变化，我们都可以找到相应的口诀来解题。

学科记忆专题
——生物

对生物学科知识的记忆，以下几种实用方法可以帮助大家攻克一些记忆难题。

第一种方法是配对联想法，它可以用于记忆一一对应的知识。生物学科里有很多一一对应的知识点，比如缺乏不同的维生素可能导致相应的疾病，我们如何快速配对呢？这就需要我们找出其中的特点并建立联系。

维生素缺乏与相应疾病

缺乏维生素 A，可能导致夜盲症。

缺乏维生素 B_1，可能导致脚气病。

缺乏维生素 C，可能导致坏血病。

缺乏维生素 D，可能导致佝偻病。

缺乏维生素 A，可能导致夜盲症。我们想到，字母 A 的顶端特别尖，看起来像弓箭的箭头，箭头刺进眼睛，会让眼睛瞎掉，成为盲人。所以，想到缺乏维生素 A，就能想到夜盲症。

缺乏维生素 B_1，可能导致脚气病。B 有两个凸起，看起来就像两个脚指头，而脚气病的发病部位就在脚指头中间，所以想到维生素 B_1，就能想到脚气病。

缺乏维生素 C，可能导致坏血病。坏血病的典型症状是牙龈萎缩和出血。C 看起来像张开的嘴巴，想象张开的嘴里有牙龈萎缩和出血，那是得了坏血病。

缺乏维生素 D，可能导致佝偻病。D 看起来像一个人弯腰驼背，于是想到佝偻。

这样的想象能将症状与缺乏的维生素一一对应起来，记忆就特别牢固了。

我们再以生物实验中物质与试剂发生反应后的颜色为例。

物质与试剂发生反应后的颜色

还原糖与斐林试剂发生作用，生成砖红色沉淀。

脂肪遇到苏丹红三号试剂，变成橘黄色。

脂肪遇到苏丹红四号试剂，变成红色。

淀粉遇到碘，变成蓝色。

蛋白质遇到双缩脲试剂，变成紫色。

糖类中的还原糖，如葡萄糖、果糖、麦芽糖，与斐林试剂发生作用时，会生成砖红色沉淀。怎么记忆这个知识点呢？我们想到，糖果一般是方块状的，所以糖与试剂发生反应时也会变成方块状，也就是砖的形状。而砖一般是红色的，砖红色沉淀就这么记住了。

脂肪可以被苏丹红三号试剂染成橘黄色，或者被苏丹红四号染成红色。可以把“三”谐音成“酸”，把酸的东西想成橘子，所以，脂肪遇到苏丹红三号试剂就变成了橘黄色。可以把“四”谐音成“死”，死是因为流了很多血，血是红色的。所以，脂肪遇到苏丹红四号试剂就变成了红色。这样，我们就把苏丹红三号试剂对应的橘黄色和苏丹红四号试剂对应的红色记下来了。

淀粉遇到碘会变成蓝色。我们知道，淀粉遇到水之后会成糊状，我们想象成，把它糊起来变成蓝胖子哆啦A梦，这样就把淀粉遇碘变成蓝色记住了。

蛋白质与双缩脲试剂发生作用，产生紫色反应。蛋白质的“质”与紫色的“紫”发音类似，把它们关联在一起，也容易记忆。

配对联想法的核心在于找到知识之间的特点，通过逻辑或者想象的方式把它们联系在一起，这样就比较容易记忆了。

第二种方法是串联记忆法。生物知识中有很多并列的知识需要记忆，如果不使用适当的记忆方法，靠死记硬背是非常困难的。

比如，人体常见的内分泌腺。

人体常见的内分泌腺

胰岛、性腺、甲状腺、肾上腺、下丘脑、垂体

遇到这种情况，我们可以用抽字串联法进行记忆。从前三个内分泌腺的名称中分别抽出“胰”“性”“甲”，谐音成“姨姓贾”，有一个阿姨姓贾。从后面三个内分泌腺中分别抽出“肾”“下”“垂”，变成“肾下垂”。前后两句联合起来，就想成姓贾的阿姨肾下垂，这样我们就把这六个内分泌腺快速记下来了。

再比如，植物必需的矿物质元素中的微量元素。

植物必需的矿物质元素中的微量元素

钼、氯、硼、镍、锌、铁、铜、锰

这些元素本身没有什么意义，我们可以通过谐音变成“木驴碰裂新铁桶，猛！”这些矿物质微量元素让植物变得很猛、很强大，这样就容易记忆了。

第三种记忆方法是场景记忆法。将要记忆的内容进行场景化，这样记忆的难度就会降低。比如，食物的消化过程。

食物的消化过程

淀粉在口腔中初步分解成麦芽糖。

蛋白质从胃开始被消化吸收。

脂肪在小肠中被消化吸收。

我们用这三种物质的代表物进行场景联想。提到淀粉，我想到米饭，提到蛋白质想到瘦肉，提到脂肪想到肥肉。于是，我们开始想象，米饭在嘴里与唾液反应，淀粉在嘴里开始被消化。瘦肉到了胃里与胃液进行反应，蛋白质到了胃里开始消化。肚子上的肥肉最多，脂肪都堆积在小肠上，脂肪到小肠才开始消化。这样，把它们融入一定的场景中就容易记住了。

再比如，蛋白质的功能。

蛋白质的五种功能

构成细胞和生物体结构的重要组成。

催化细胞内的生理生化反应。

运输载体。

传递信息，调节机体的生命活动。

免疫功能。

在记忆蛋白质功能的时候，我们可以想象这样一个场景：我们的血红蛋白负责运载很多东西，蛋白质是运输载体。它运载着哪些东西呢？它运载着传递信息和调节机体生命活动的物质，如胰岛素；还运载一些杀死其他病毒的东西，如含免疫功能的抗体。这些东西必须进入细胞才能发挥功能，而它们能进入细胞是因为运载它们的蛋白质是构成细胞和生物结构的重要物质。进入细胞后，蛋白质还要监督它们工作，也就是催化细胞内的生理生化反应。通过这样一个运载和监督的场景，我们就把蛋白质的五种功能记下来了。

第四种记忆方法是口诀记忆法。我们可以把一些生物操作步骤简化成口诀，比如把显微镜的使用过程简化成一个口诀。

显微镜的使用过程口诀

一取二放，三安装。

四转低倍，五对光。

六上玻片，七下降。

八升镜筒，细观赏。

看完低倍，转高倍。

九退整理，十归箱。

显微镜的部分使用过程也可以再简化。比如，取镜的时候，“右握左托略偏左”。对光时，要“三转三找”，对应的是：一转转换器，找低倍镜；二转遮光器，找大光圈；三转反光镜，找光源。

学科记忆专题——医学

医学的知识量特别大，生僻名词也特别多，那么我们该如何灵活应用记忆技巧呢？下面，我们看一下记忆方法在医学知识学习中的应用。

第一种方法是串联记忆法。串联记忆法是一种万能的方法，适用于任何大量的并列知识的记忆。比如，中医里有 12 条经络，每一条经络都有很多穴位，怎么记忆这些穴位呢？我们以手少阴心经为例，试一下串联记忆法。

手少阴心经上的穴位

极泉、青灵、少海、灵道、通里、阴郄、神门、少府和少冲

在记忆的过程中，对一些生僻的名词，我们首先要进行转换。如极泉，加一个字后谐音成“太极拳”；青灵，谐音想成“青色的柠檬”；少海，想到扫到大海里面去；灵道，想成一条非常灵验的通道；通里，想到这条灵验的通道里面；阴郄，想到了阴间的一条小溪；神门，想到很神奇的门；少府和少冲，串起来记变成俯冲。然后，再编一个故事把它们串起来：打完太极拳之后，我咬了一口青色的柠檬，太酸，把它扔到地上，它被扫到了大海里面。它经过了大海灵验的通道，通到里面阴间的小溪，经过神门之后俯冲着向下流去。故事对应的穴位就是：极泉、青灵、少海、灵道、通里、阴郄、神门、少府和少冲。

现代医学知识中，人体有八种必需氨基酸。

人体的八种必需氨基酸

缬氨酸、异亮氨酸、苯丙氨酸、蛋氨酸（甲硫氨酸）、亮氨酸、色氨酸、苏氨酸、赖氨酸

下面我们使用三种不同的抽字方式进行串联，这样大家能更深切地体会串联法的灵活性。

第一种抽字法，分别抽取了“苯、蛋、亮、亮、赖、缬、苏、色”这八个字，对应的氨基酸分别是苯丙氨酸、蛋氨酸、异亮氨酸、亮氨酸、赖氨酸、缬氨酸、苏氨酸和色氨酸。这八个字可以谐音成“笨蛋亮亮，赖姐宿舍”，意思是说，笨蛋亮亮赖在姐姐的宿舍里不走。

第二种抽字法，分别抽取的字是“赖、异、缬、蛋、亮、苯、苏、色”，可以谐音成“来一些胆量本宿舍”，意思是说，来一些胆量去本人的宿舍。

第三种抽字法，分别抽取的字是“蛋、缬、异、苯、亮、色、苏、赖”，可以谐音成“但挟一本亮色书来”，意思是说，但是挟带着一本封面有亮丽颜色的书来。

第二种方法是口诀记忆法。也就是，对医学知识进行总结和提炼，将其简化后变成容易记的口诀。

比如，眼球的结构包括瞳孔、晶状体、玻璃体、外膜、中膜、内膜，我们可以把它简化成“一孔二体三层膜”，对应着以上内容。

又如，对重症哮喘的处理，有一句口诀叫“一补二纠氨茶碱，氧疗两

素激动剂”。“一补”指的是补液，“二纠”是指纠正酸中毒、纠正电解质紊乱，“氨茶碱”对应的是氨茶碱静脉注射或静脉滴注，“氧疗”是指用氧气治疗，“两素”对应的是糖皮质激素、抗生素，“激动剂”是指 β_2-受体激动剂。这样，通过一句口诀，就可以把重症哮喘处理的要点全部记下来。

再如，记忆 12 对脑神经，就有一个口诀“一嗅二视三动眼，四滑五叉六外展，七面八听九舌咽，迷走及副舌下全”。用这个口诀就容易把 12 对脑神经全部记下来。

第三种方法是化整为零的记忆方法。描述肢体的复杂运动时，需要记忆的知识量特别大，我们可以尝试把它进行分组或者分块，然后再记忆。

比如，刺激神经引起肌肉收缩的过程。我们可以将这个过程分解为：神经冲动的产生和传导；神经肌肉接头，兴奋传递；骨骼肌细胞兴奋，收缩耦联。这样，每一次记忆的负荷就会少一些，符合魔力之七的记忆规律，可以大大减轻我们的记忆负担，提高记忆效率。

医学知识的类型和数量特别多，记忆时不能只限于以上三种记忆方法，前面讲过的场景记忆法、配对联想法等也可以解决很多的记忆问题。总之，记忆方法是灵活的，需要我们结合不同的知识特点进行合适的应用。

学科记忆专题——司法考试

司法考试的内容广泛，包括 14 门主要科目和很多门的小科目，各种教材合计约 358 万字，涉及 290 多部法律法规。近几年，全国司法考试通过率约为 10%。这让很多人提起司法考试就觉得头疼。

但是无论多么复杂的内容，我们都可以将其分解，然后通过各种记忆策略来记住它们。下面，我们来学习常用的几种适用于司法考试知识点的记忆方法。

第一种是配对联想法，解决一一对应的内容。

《中华人民共和国未成年人保护法》在哪一年正式施行？

答：1992 年 1 月 1 日。

运用数字编码，92 的编码是球儿，未成年人喜欢打球儿，于是建立起联系。也可以根据谐音的方式建立联系，92 听起来像“救儿”，要救儿童，当然要颁布未成年人保护法。这样，就将“92”与“未成年人”对应起来了。

再比如，《中华人民共和国义务教育法》是在 1986 年颁布的。86 听起来像“八路”，八路军颁布了义务教育法。这样，就将“86”与“义务教育”对应起来了。

在刑事诉讼中，强制未被关押的犯罪嫌疑人、被告人到指定地点接受讯问的方式是什么？答案是拘传。我们可以人为地把它拆分成拘留、传唤，要强制未被关押的犯罪嫌疑人或者被告人接受讯问，第一要做的就是把他拘留来，第二要传唤，所以两个词语的合并，就是拘传。因为“未被关押”，所以要“拘传”，这样就把这两者对应起来了。

在法律的历史中，有很多概念极易混淆。比如，第一次规定“重罪十条”的法律是哪一个？是中国的《北齐律》。北齐，听起来像“背齐”，就是背诵齐全的意思，重罪十条特别重要，所以我们要背诵齐全。第一次规定“十恶”的法律是《唐律疏议》，“恶”是一个多音字，它还有一个读音是恶心的恶，有些人一吃糖（唐）就恶心，这样也建立了联系。

第二种是串联记忆法。在法律法规中，常有些规定有很多条款或适用类型。比如，减轻或者免除处罚的形式有哪些？《中华人民共和国刑法》（以下简称《刑法》）的第二十条、第二十一条和第二十八条有明确规定，具体的内容是:《刑法》第二十条第二款规定，正当防卫明显超过必要限度造成重大损害的，应该负刑事责任，但是应该减轻或者免除处罚。《刑法》第二十一条第二款规定，紧急避险超过必要限度造成不应有的损害的，应当负刑事责任，但是应当减轻或者免除处罚。《刑法》第二十八条规定，对于被胁迫参加犯罪的，应当按照他的犯罪情节减轻处罚或者免除处罚。这三条的关键词是防卫过当、避险过当和胁从犯，从中分别抽取一个字，变成“险、防、胁”，再谐音成“险放血”，意思是，很危险，差一点就把血放出来了。先抽字，再谐音串联，这里使用的是抽字串联法。

又如，记忆《中华人民共和国民事诉讼法》的第七十三条。

《中华人民共和国民事诉讼法》第七十三条

经人民法院通知，证人应当出庭作证，有下列情形之一的，经人民法院许可，可以通过书面证言、视听传输技术或者视听资料等方式作证：

（一）因健康原因不能出庭的；

（二）因路途遥远，交通不便不能出庭的；

（三）因自然灾害等不可抗力不能出庭的；

（四）其他有正当理由不能出庭的。

我们可以用编故事的方式把这四条记下来，证人路途遥远、交通不利，又因为自然灾害等不可抗力导致健康受到损害，因而具有正当理由不能出庭。这样就把上面四条理由都串联起来了。

第三种是情境记忆法。

《中华人民共和国民事诉讼法》第六十三条第一款

证据包括：（一）当事人的陈述；（二）书证；（三）物证；（四）视听资料；（五）电子数据；（六）证人证言；（七）鉴定意见；（八）勘验笔录。

对于这八类证据，我们可以想象成，警察听完报案人和当事人的陈述后到犯罪现场收集证据，现场附近有一个书柜，书柜上面有书，书里面有书证，还夹着一些物证。书上有光盘，光盘里面有视听资料和电子数据，这个电子数据是证人证言。根据鉴定意见，以及现场的勘验笔录，警察得出基本的结论。于是，我们用这样一个情境把所有证据类型给串联起来了。

第四种是口诀记忆法。关于逮捕，有很多注意事项，我们可以用一个口诀把它记下来，这个口诀是“三证三期一徒刑，一批一决一执行，通知讯问各一日，不妥释放发证明”。其中“三证”，是指有证据证明有犯罪事实。根据有关规定，有证据证明有犯罪事实是指同时具备下列情形：（1）有证据证明发生了犯罪事实。（2）有证据证明犯罪事实是犯罪嫌疑人实施的。（3）证明犯罪嫌疑人实施犯罪行为的证据已有查证属实的。“三期”是指对应当逮捕的犯罪嫌疑人在重病期、怀孕期和哺乳期，可以取保候审或监视居住。“一徒刑”是指可能判处徒刑以上刑罚。“一批一决一执行”是指逮捕犯罪嫌疑人、被告人，必须经过人民检察院批准或者人民法院决定，由公安机关执行。“通知讯问各一日，不妥释放发证明”是指人民法院、人民检察院对于各自决定逮捕的人，公安机关对于经人民检察院批准的人都必须在逮捕后的24小时以内进行迅问。对于发现不应当逮捕的，应当变更强制措施或者立即释放。立即释放的，应当发给释放证明。逮捕后，应当立即将被逮捕人送看守所羁押。除无法通知的以外，应当在逮捕后24小时以内，通知被逮捕人的家属。

用口诀的方式，我们可以把要记忆的内容进行凝练、提取，这样记忆的难度也会降低。

第五种是理解记忆法。法律体系众多，一些条款会有递进关系，我们可以用理解的方式进行记忆。

《刑法》第二百六十七条第一款

> 抢夺公私财物，数额较大的或者多次抢夺的，处三年以下有期徒刑、拘役或者管制，并处或者单处罚金；数额巨大或者有其他严重情节的，处三年以上十年以下有期徒刑，并处罚金；数额特别巨大或者有其他特别严重情节的，处十年以上有期徒刑或者无期徒刑，并处罚金或者没收财产。

关于数额较大、数额巨大和特别巨大在《最高人民法院、最高人民检察院关于办理抢夺刑事案件适用法律若干问题的解释》第一条中规定，抢夺公私财物价值 1000 元至 3000 元以上叫数额较大，3 万元至 8 万元以上叫数额巨大，20 万元至 40 万元以上的叫数额特别巨大。各省、自治区、直辖市高级人民法院、人民检察院可以结合本地区经济社会发展状况，在前款规定的数额幅度内，共同研究确定本地区执行的具体数额标准，报最高人民法院、最高人民检察院备案。

我们可以用抽字方式记这些数字，比如数额较大是 1000 元至 3000 元，抽出 1 和 3，谐音成“医生”，抢劫医生叫数额较大。3 万元至 8 万元，抽 3 和 8 出来，编码是妇女，抢劫妇女是数额巨大。20 万元到 40 万元，抽 2 和 4 出来，容易想到一天 24 小时，抢了一天是数额特别巨大。这样就可以把这些数字记下来。

明确了该条款中的具体数字，也就能区分这三个条款，并了解到整个条款是根据金额的递增来规定的，我们再将金额和具体的三年、十年、十年以上和无期徒刑的递增关系一一对应，就可以把它们全部记下来。由此可见，理解有助于记忆。

第五章

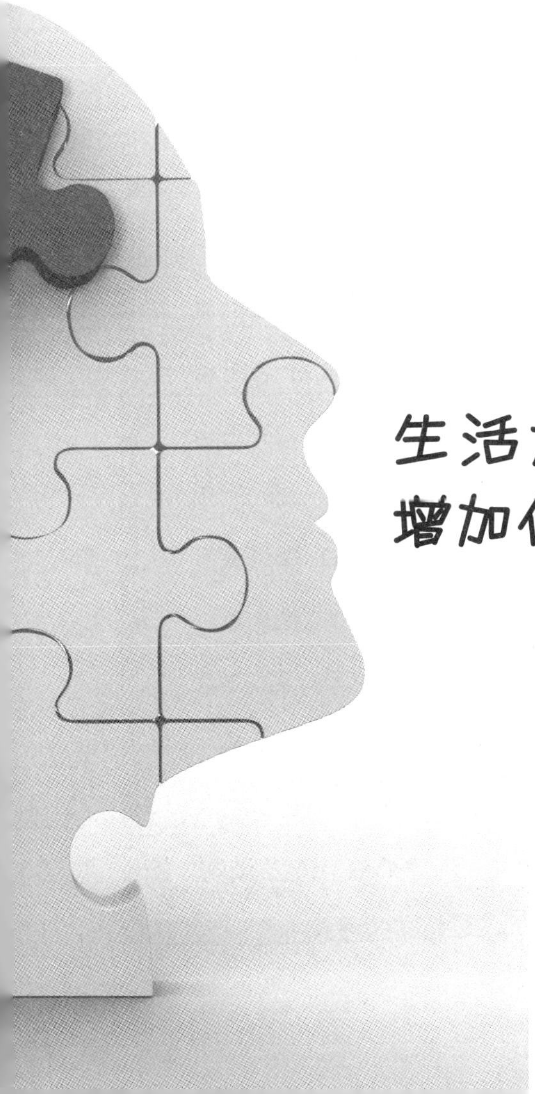

生活记忆专题：增加你的智慧技巧

巧记中国 56 个民族

记忆中国 56 个民族，对很多朋友来说是个高难度的挑战。有些民族，比如德昂族、门巴族、撒拉族、基诺族、珞巴族等，可能大家听过的次数比较少，会比较陌生。

另外，56 个民族，数量实在太多，以机械记忆的方式也许勉强能记下来，但过不了多久大部分内容又忘记了。在这里，我们用两种方法来记忆中国 56 个民族，力争做到容易记忆且不易遗忘。

1. 汉族　2. 蒙古族　3. 回族　4. 藏族　5. 维吾尔族　6. 苗族
7. 彝族　8. 壮族　9. 布依族　10. 朝鲜族　11. 满族　12. 侗族
13. 瑶族　14. 白族　15. 土家族　16. 哈尼族　17. 哈萨克族
18. 傣族　19. 黎族　20. 傈僳族　21. 佤族　22. 畲族　23. 高山
族　24. 拉祜族　25. 水族　26. 东乡族　27. 纳西族　28. 景颇
族　29. 柯尔克孜族　30. 土族　31. 达斡尔族　32. 仫佬族
33. 羌族　34. 布朗族　35. 撒拉族　36. 毛南族　37. 仡佬族
38. 锡伯族　39. 阿昌族　40. 普米族　41. 塔吉克族　42. 怒族
43. 乌孜别克族　44. 俄罗斯族　45. 鄂温克族　46. 德昂族
47. 保安族　48. 裕固族　49. 京族　50. 塔塔尔族　51. 独龙族
52. 鄂伦春族　53. 赫哲族　54. 门巴族　55. 珞巴族　56. 基诺族

身体定桩法

运用身体定桩法记忆，首先要在身体上找到一些部位。在第二章的身体定桩法的介绍中，我们已经找了十一个身体部位，现在我们接着找，第十二个是我们的膝盖，第十三个是我们的小腿，第十四个是我们的双脚。然后，我们把身体部位与民族名称一一建立联系。

第一个部位是头发，对应白族、蒙古族、仫佬族、满族和汉族。我会对蒙古族进行转化，想象成蒙古包；仫佬，谐音变成“木脑”。接下来进行一个联想，头发上有一个白色（白族）的蒙古包（蒙古族），它盖住了木头做的脑袋（仫佬族），所以让人满头（满族）大汗（汉族）。

第二个部位是眼睛，对应独龙族和怒族。这里，由独龙族可以想到独眼龙，想成只有一只眼睛的人（独龙族）对你怒目而视（怒族）。

第三个部位是耳朵，对应哈尼族、维吾尔族、达斡尔族和柯尔克孜族。哈尼族，我们可以谐音成英文的“honey”。维吾尔，可以谐音成“围吾耳”，围住了我的耳朵。达斡尔，可以谐音成“打我耳”，打我的耳朵。柯尔克孜，可以谐音成“可我克制”，可我克制住了自己。这几个谐音就可以串成一个故事，有个人对我喊“honey，honey”（哈尼族），忽然围住了我的耳朵（维吾尔族），突然又打我的耳朵（达斡尔族），可我克制住了自己（柯尔克孜族），没有发怒。

第四个部位是鼻子，对应藏族、土族、土家族和瑶族。藏，有另外一个读音是 cáng；瑶，与窑洞的窑同音。这样，就可以想成鼻子里面黑黑的，藏（藏族）了很多的土（土族）。为什么会有土呢？原来我去了一个住在土房子的家庭（土家族），里面像窑洞一样（瑶族）。

第五个部位是嘴巴，对应阿昌族、哈萨克族、布朗族、鄂温克族、赫哲族和水族。嘴巴对应的民族比较多，因为嘴巴能够想象的空间很大。阿昌，昌与唱同音，让我想到了唱歌。哈萨克，把它想成哈哈和萨克斯。布朗，谐音成“不朗（诵）”。鄂温克，谐音成“俄文课”。赫哲，谐音成“喝着”。然后进行想象，我用嘴巴啊啊啊地唱歌（阿昌族），唱完哈哈大笑，接着吹起萨克斯（哈萨克族），但突然嘴巴好像患了失语症，不能朗诵（布朗族）俄文课（鄂温克族），必须喝着（赫哲族）水（水族）才能解决。

第六个部位是脖子，对应德昂族、锡伯族和京族。德昂可以转化成得到了昂贵的东西，锡伯可以想象成很稀薄的，京可以想成黄金的金。这个故事就可以是，我得到昂贵（德昂族）的、很稀薄（锡伯族）的金（京族）做成的奖牌。

第七个部位是肩膀，对应仡佬族、朝鲜族和布依族。仡佬，谐音后想成隔着老式的东西；布依，直接想成布做的衣服。整合起来进行联想转变，就是肩膀上搁着老式（仡佬族）的朝鲜族的布做的衣服（布依族）。是不是就可以记住这三个民族呢？

第八个部位是手肘，对应彝族、傣族、裕固族和撒拉族。为了便于记忆，把彝谐音成“一”，傣谐音成“袋”，裕固谐音成“鱼骨”，撒拉谐音成“撒啦”。然后进行联想，我的手肘挂着一（彝族）袋（傣族）鱼骨（裕固族），把袋子撕破，鱼骨就撒啦（撒拉族）。

第九个部位是手掌，对应纳西族、黎族、门巴族、东乡族和拉祜族。把纳西转化为拿着西瓜，黎谐音成“梨”，东乡谐音成“咚咚响”，拉祜变成“拉二胡”。我们就可以想成，我的左手拿着西瓜（纳西族），右手拿着梨（黎族），在门上（门巴族）敲得咚咚响（东乡族），这个声音就像拉二胡（拉祜族）的声音。

第十个部位是肚子，对应俄罗斯族、羌族和普米族。俄罗斯可以转化成“饿了要死”，羌可以想成“抢”，普米可以想成“普通的米”。我肚子饿了，饿了要死（俄罗斯族），不行，我得去抢（羌族）一些普通的米（普米族）回来充饥。

第十一个部位是屁股，对应塔塔尔族、珞巴族、乌孜别克族和景颇族。塔塔尔，可以想成“榻榻米”。珞巴谐音成“摞吧”，往上摞吧。乌兹别克可以想成屋子里的别克车，景颇族可以想成景象颇为壮观。整个串下来就变成，我的屁股坐在榻榻米（塔塔尔族）上，看着旁边摞吧摞吧（珞巴族），摞着一屋子的别克车（乌孜别克族），景象颇为壮观（景颇族）。

第十二个部位是膝盖，对应基诺族、侗族、塔吉克族和佤族。同样进行各种转化，基诺，把它倒过来是诺基，想到诺基亚手机。侗与洞同音。塔吉克，谐音成“他即刻”，他即刻去做什么事。佤，想成娃娃哇哇大哭。串起来就可以想象成，犯错误后，被罚跪诺基亚（基诺族），跪着跪着膝盖戳了一个洞（侗族），于是他即刻（塔吉克族）哇哇（佤族）大哭起来。

第十三个部位是小腿，对应壮族、毛南族、保安族和畲族。毛南，转化成毛很难看；畲，我们可以想到腿折了。可以想象成，小腿特别粗壮（壮族），腿毛很难看（毛南族），越看越不顺眼，就让保安（保安族）把腿打折（畲族）了。

第十四个部位是双脚，对应回族、高山族、傈僳族、苗族和鄂伦春族。傈僳谐音成“梨树”，鄂伦春顾名思义变成鳄鱼轮流在春天活动。编一个故事就是，我们利用双脚在高山（高山族）上来回（回族）走动，走到了梨树（傈僳族）的树苗（苗族）旁边休息，发现旁边的鳄鱼轮流在春天进行活动（鄂伦春族）。

如果真的想把这56个民族全记下来，还需要经常回顾和练习，毕竟有一些民族对于大家还是很陌生的。有人看一遍就能记住，也有人可能需要多看几遍，但这种方法确实能够帮助你完成之前不能完成的任务。

故事串联法

56个民族的名字经过谐音等方式处理后，还可以通过一个长故事把它们记下来。故事是这样的：

土家族（土家族）有一个美丽的姑娘叫哈尼（哈尼族），上完了俄文课（鄂温克族）回到蒙古包（蒙古族）里，正在榻榻米（塔塔尔族）上拉二胡（拉祜族）。她的老爹哈萨克（哈萨克族）冲进来说："女儿，大事不好了，阁老（仡佬族）的儿子恶人春（鄂伦春族）相中了你！要娶你呢！"

"就是那个每天戴着的帽子是蓝色（毛南族）的独眼龙（独龙族）？女儿不依（布依族），我跟他们拼了！"

"可儿克制（柯尔克孜族）吧，爹也不让（布朗族）他们碰你，一直拖着，今天时间超限了（朝鲜族），眼看就要来抢（羌族）亲了，时间紧迫（景颇族），你还是快逃吧。"

哈尼听老爹的话逃走了，这激怒（基诺族）了阁老，阁老让保安（保安族）阿昌（阿昌族）狠狠地打老爹的耳光，老爹说："为吾儿（维吾尔），打我耳（达斡尔族）也不怕，总之别想知道我女儿的动向（东乡族）！"

殴打老爹仍然扑灭（普米族）不了阁老的怒（怒族）火，他们把老爹关进了木牢（仫佬族）。哈尼大汗（汉族）淋漓地爬上高山（高山族），山上空气稀薄（锡伯族），她极渴（塔吉克族），品德高昂（德昂族）的穷小子门巴（门巴族）路过看到可怜的姑娘，就舀（瑶族）了点水（水族）给她，哈尼喝着（赫哲族）水，门巴又烧螺丝（俄罗斯族）给她吃。

俩人赊（畲族）了点梨树（傈僳族）苗（苗族），在土（土族）里挖（佤族）了个洞（侗族）种下去，树越长越壮（壮族），很快就结了果。成熟的白（白族）梨（黎族）纷纷往下落，落吧（珞巴族）落吧，落满（满族）了屋子与别克车（乌孜别克族）。把梨子换了满满一（彝族）袋（傣族）金（京族）子后，他们从藏（藏族）身之地回（回族）到家乡，才知道阁老吃鱼骨（裕固族）卡死了，他儿子因为偷吃沙拉（撒拉族）被人拿西瓜（纳西族）砸死了。哈尼与门巴从牢里救出了老爹，从此过起了幸福的日子。

记住面孔：从此告别脸盲症

图形是我们最常碰到的记忆类型，很多人都找不到合适的记忆方法。图形记忆需要找到记忆信息的特点，让其在大脑中留下深刻的印象，这其中好的观察和想象能力极其重要。

其实，人脸也是一种图形。很多人都记不住人脸，特别是刚到陌生的工作环境，同事和领导的名字与脸对不上，尤其尴尬。怎样才能记住人脸呢，关键便是用心观察，先记住对方的面部特征，再通过谈话了解对方信息。从“名字 + 外貌 + 个人特性”等方面进行联想，就容易记住了。

首先记住姓名。在社交场合，互换名片后一般会展开简短交流，这是记忆人名的关键时刻。认真倾听对方的自我介绍，如果没听清楚名字，就要诚恳地说“对不起，我没听清楚你的名字”。如果对方的名字很特别，可以进一步请教字怎么写。可以大声重复对方的名字：“李威先生你好，很高兴认识你。”通过听、写、读这三个步骤，你能在脑海中形成对对方姓名的初步印象。想办法将对方的名字变得有意义，比如你是否有与对方同名的朋友，或者能否想到与他的名字相似的明星，也可以通过望文生义、指代、倒叙、增减字、谐音等方式将一些复杂的名字进行转换，变得容易记忆。交谈结束时再次重复对方的名字，比如“李威先生，我以后该怎么联系你？”将对方的名字嵌入对话时的常用语，多次重复可帮助自己记忆得更深刻。此外，将对方姓名加入对话的结尾，也可给对方留下好印象，为整场交谈留下完美句点，比如“今天很高兴与你交流，李威先生”。

其次，观察对方面部特征。观察面部，着重观察对方眼睛和口鼻的T字部位，因为人脑就是以这部分来辨识不同面孔的。尽量不要依靠对方的穿戴和发型来记忆，否则对方换件衣服、换个发型，你就认不出了。在进行面部特点辨别时，既要关注整体特征的感觉，又要注意细节，必要时把局部特征进行夸张记忆，比如鼻梁特别高，嘴唇特别厚，眼睛特别小或大，下面有颗痣等。

再次，掌握对方的其他特征。外向的人往往比较容易让人记住，是因为他们会不断提供自身信息，不知不觉就让别人对他们的姓名、个性、表情、穿戴、体型特征、说话方式和语调等都有了印象。如果你遇到的人没有这么外向，你最好主动提问，让对方说出自己的职业、喜好等。然后，将所有资讯与对方说话的方式和外貌联系起来，甚至可以私下帮对方取个绰号。当你掌握这些信息时，对方就会从一个名字变成具有鲜活特征的个体。

最后，对着名片回忆对方的名字与面孔。会面结束后，我们还可以将名片拿出来整理，将重要信息记录在名片上，如长相特征、说话内容、整体印象等，可帮助日后回忆。一般来说，在见面后的一天内和一周内分别进行回忆，对提高记忆效率是非常有效的。

玩转魔方：你需要听懂的魔方公式记忆课

很多人没有系统学习过有关魔方的知识，就尝试自己去还原一个打乱的魔方，然后发现很难还原。三阶魔方看似只有六个面，每个面只有九个格，但随意打乱一个三阶魔方可能出现的不同状态数可达4335亿亿种。如果没有正确的方法，只靠运气，还原成功的概率特别低。有很多人以为魔方是一面一面还原的，这个思路是不对的。在此，我将介绍一种适合新手学习的方法，叫作层先法，就是一层一层地还原魔方。这里提及的魔方全部被默认为三阶魔方或者叫作三乘三的魔方。

学习魔方要了解几个基本概念。首先是魔方的结构，魔方是由三种类型的块组成的，中心块、角块和棱块。中心块就是每一个面上最中心的那个方块，每个中心块只有一种颜色；角块是在魔方八个角上的块，每一个角块有三种颜色；两个角块夹着的块叫作棱块，每一个棱块有两种颜色。一个魔方拥有6个中心块、8个角块和12个棱块，不管魔方怎么转动，这三种块的相对位置永远不变，也就是，中心块永远在每一面的最中心，角块永远只会在角块的位置上，棱块也只会在棱块的位置上。为什么魔方不能一面一面地还原呢？因为转动角块或者棱块的时候，它会同时改变两个面或者三个面的颜色。

层先法一般分为七个步骤，每个步骤里都会有特定的状态对应特定的公式。我们可以把魔方当成一个建筑，从下往上还原魔方，先还原第一层。层先法的第一步和第二步是用来还原第一层的，第三步用来还原第二层，第四步到第七步用来还原第三层。

要想还原魔方，一方面要能判断出魔方所处的状态，另一方面要记住所有状态对应的还原公式。某种状态所对应的正确的转动手法，就是我们常说的魔方公式。魔方公式中一般用每个面的英文单词首字母来表示这一面的转动，比如说转动右手面用 R 来表示，转动左手面用 L 来表示，转动上面用 U 来表示，转动下面用 D 来表示，转动离你最近的这一面用 F 来表示，转动背面用 B 来表示。用大写字母表示顺时针 90 度转动，顺时针是指当这个面面对你的时候顺时针的方向。大写字母带一撇表示逆时针 90 度转动，大写字母后面加 2 表示 180 度的转动。

魔方还原中最基本的也是出现频率最高的一个四步公式，叫作 RUR'U'。这四个字母表示转动魔方的四个步骤：R 是右手的这面顺时针转动 90 度，U 是上面的面顺时针转动 90 度。R' 与 R 相反，U' 与 U 相反。如果您手中已经有还原好的魔方，确保每一步都不出错，连续做 6 次 RUR'U' 后，魔方就会回到还原的状态。

很多公式在有限次重复之后，魔方都会回到最初的状态。比如只做 RU，63 次转动后魔方也会回到最初状态。有些公式做两次或者三次，魔方也可以回到之前的状态。而 RUR'U' 这个四步手法是在学习魔方中应用最广泛的一个手法，熟练掌握这个公式，在之后的学习中可以节省很多时间。

接下来，我们来学习魔方公式的记忆。记忆方法可以选择，但是记忆是无法避开的过程，所有在还原中需要用到的公式都需要事先记忆，只有事先记下来才能够快速还原魔方。

还以刚才的 RUR'U' 为例，这四个符号代表四种转动的方式。擅长数字记忆的人可以直接用对应数字的 1234 来记这四种转动。魔方有六个面，最基本的转动有 12 种，而数字编码只有 0 ～ 9，本身来说是不够的，但是对入门玩家来说，B 这个面是可以不用的，所以正好用 0 ～ 9 对应所有需要用到公式里的符号。有人不喜欢用数字和字母，用汉字同样可以帮助记忆，但要注意越简短越好。比如 R 可以记作“上”，R' 记作“下”，U 记作“去”，U' 记做“回”，RUR'U' 就变成了“上去下回”。这是一个非常普遍的记法，新手一般用这个方法来记忆。

但是我（贾立平）个人还是倾向于用数字和字母记忆，因为数字和字母可以适用于更多的公式。下面是一个还原魔方顶层要用到的公式：

RRU　RUR'U'　R'U'R'　UR

这是还原魔方的最后一步，是交换三个棱块位置的公式，在魔方公式里只能算一般长度的公式。我们可以试着进行编码记忆，用数字来编码，就是“112123434323”，用汉字编码就是“上上去上去下回下回下去下”。我个人觉得数字与字母应该会更好记一些。

对于稍微长的公式，可以分段进行记忆。比如上述公式，我们可以把 RRU 放在一起，这是第一段。第二段是我们刚才已经熟悉的四步公式 RUR'U'，这个手法如果练得熟练不仅好记而且做起来特快。第三段是 R'U'R'，这三个都是带撇的，放在一起记不易出错。最后结束是 UR。这样，公式就非常好记了。

对于入门玩家来说，只需要记忆几个简单的公式就可以还原魔方。如果要学习高级玩法，则需要记忆上百个公式，所以如果自己能有一个较好的记忆系统，学习魔方就会事半功倍。

速记扑克牌

在世界记忆力锦标赛发起的初始阶段，大赛把“3 分钟记住一副扑克牌”作为考核标准之一。现在这一项目的记录如何呢？世界记忆力锦标赛的官方成绩是 13.96 秒，是由中国人邹璐建保持的。他们是如何精准无误地记住 52 个（不带大小王）毫无规律的信息呢？实际上他们提前做了很多工作。

第一项工作是，把看起来毫无意义的扑克牌进行编码。一般，我们会用两位数对每张牌进行编码，十位数字代表花色，个位数字代表点数。黑桃看起来像一片叶子，所以用 1 编码。红桃是一个对称的结构，两边是一样的，所以用 2 编码。梅花有三片叶子所以用 3 编码，方片有四条边所以用 4 来编码。个位数字直接用这张牌的点数代表，如果这张牌的点数是 10，个位数字就用 0 代表。

根据编码规则，黑桃 6 的编码是 16，红桃 3 的编码是 23，梅花 10 的编码是 30，方片 9 的编码是 49。

那么，花牌该如何进行编码？不同人会有不同的处理方式，一种方式是把花牌编成一些人物，用 12 个人物来代表这 12 张花牌。另一种方式是用两位数对花牌进行编码，但这个两位数的编码方式与刚才的编码恰巧相反，十位数字代表的是它的点数，个位数字代表的是花色。J 用 5 来编码，Q 用 6 来编码，K 用 7 来编码；黑桃用 1 来编码，红桃用 2 编码，梅花用 3 编码，方片用 4 编码。根据这一规则，黑桃 K 的编码是 71，红桃 Q 的编码就是 62，方片 J 的编码就是 54。

给每张扑克牌编码后，再根据前文的数字编码表对应到相应的 52 个物体，这是第一步。接下来要做的事是，使用记忆方法把 52 个物体一次记下来。

我们常使用的方法是地点定桩法，先以十张扑克牌为例：黑桃 6、红桃 3、方片 5、梅花 4、红桃 J、黑桃 4、黑桃 10、梅花 K、方片 8、黑桃 4。选五个地点，每个地点对应两张牌。

扑克牌记忆地点定桩图

第一个地点花篮，对应的两张扑克牌是黑桃 6 和红桃 3。黑桃 6 的编码是 16，对应的物体是石榴。红桃 3 的编码是 23，对应成耳塞。我们就想成，一个红色的石榴把耳塞压到花篮里面。

第二个地点长椅，对应的两张扑克牌是方片 5 和梅花 4。方片 5 的编码是 45，对应的是师傅；梅花 4 的编码是 34，听着像三条丝巾。可以想成，师傅坐在长椅上，屁股下垫着三条丝巾。

第三个地点树，对应的两张扑克牌是红桃 J 和黑桃 4。红桃 J 的编码是 52，对应的物体是鼓儿。黑桃 4 的编码是 14，对应的物体是钥匙。可以想成，一个鼓儿上面插着一把钥匙，钥匙挂在树的上面。

第四个地点石头，对应的两张扑克牌是黑桃 10 和梅花 K。黑桃 10 的编码是 10，对应的物体是棒球。梅花 K 的编码是 73，对应的物体是漆伞。我们可以想成，用棒球在石头上把漆伞敲碎。

第五个地点轮子，对应的两张扑克牌是方片 8 和黑桃 4。方片 8 的编码是 48，对应的物体是石板。红桃 4 的编码是 24，对应的物体是时钟。我们可以想成，一块巨大的石板把时钟压到了轮子底下。

有人会怀疑，用这种方法可以快速记忆扑克牌吗？第一次记忆的时候，不会特别快，即使是世界冠军第一次记的时候也得花大约十分钟。但是，任何练习都是熟能生巧的，从十分钟开始慢慢地练习，最后都能练到只要十几秒的时间。

在练习这一技巧时，有三个要点：第一是要熟悉编码，看到扑克牌的第一眼就能够快速想到对应物体的图像。不是先反应这是黑桃 8，数字编码 18，对应物体腰包，然后才想到腰包的图像。而是看到扑克牌，自动反应到腰包的图像，这样的反应速度才足够快。第二是熟悉连接，两张扑克牌是怎样快速连接到一起的，在大脑中要非常清晰。第三是熟悉地点和扑克牌与地点之间的连接。

反复练习后，你会发现，把扑克牌随便往地上一扔，用眼扫一遍就像在一条熟悉的道路上走过一遍一样，你能把所有的特点快速记下来。

隐藏在生活中的数字记忆

巧记圆周率前 60 位

曾有学生告诉我们，他花了 4 个小时将圆周率的前 50 位记下来，但背诵的时候还是漏了两个，错了两个。他是通过不断重复来记忆的，下面我们试着用记忆方法快速且准确记住圆周率小数点后的前 60 位数字。

圆周率小数点后前 60 位数字

3.141 592 653 589 793 238 462 643 383 279 502 884 197

169 399 375 105 820 974 944

第一种方法是数字编码法。每两个数字转化成一个编码，共有 30 个编码，然后把这 30 个编码依次建立联系。

根据前文的数字编码表，前 15 个编码分别是：钥匙（14）、鹦鹉（15）、球儿（92）、尿壶（65）、珊瑚（35）、芭蕉（89）、气球（79）、扇儿（32）、妇女（38）、饲料（46）、河流（26）、死神（43）、妇女（38）、扇儿（32）以及气球（79）。

我们可以用串联法把它们联系起来。钥匙掉下来，砸到鹦鹉的头上，它受惊吓用力扇动翅膀，扇到了球儿上，砸翻了旁边的尿壶。壶口长出珊瑚，叶子长得特别大，像芭蕉一样大，上面绑着一个气球。气球被砸飞了，越飞越高，在高空爆炸了，掉下来一把扇儿，正好砸到了路过的妇女。她背着一袋饲料，正往河流里撒，不远处漂着死神，正要抓另一个妇女的脚，而那个妇女正在用扇儿扇气球。

大家能记住这个场景吧，通过这个场景，我们就记住前30位数字。我们再来看后面30位对应的15个编码。

后15个编码分别是：五环（50）、恶霸（28）、巴士（84）、药酒（19）、鸡翼（71）、太极（69）、三角（39）、救生圈（93）、西服（75）、棒球（10）、尾巴（58）、香烟（20）、酒旗（97）、狮狗（49）、嘶嘶的蛇（44）。

我们可以想象成另一个故事：一个文着五环文身的恶霸在巴士上和人打架，受伤后擦药酒，顺手把泡在里面的鸡翼拿出来吃了。处理完伤口，吃饱之后，他想复仇，于是练习太极。最后的收式是手在腹部摆成三角形的形状，他没法做这个姿势，因为他的肚子像救生圈一样鼓鼓的，把西服都撑起来了。解开一看，里面居然藏着一个棒球。他用力把它扔出去，砸到了树上的一只长尾巴的松鼠，松鼠正在用香烟点燃酒旗，这时被砸掉下树，掉在了狮狗的身上，吓坏了旁边正嘶嘶叫的蛇。

最后，我们把上述两个故事联系起来，并进行还原，就得到了圆周率小数点后的前60位数字。

另一种方法是纯谐音的方法。这种方法体现了中国古人的智慧。据说，有个私塾先生想去喝酒，但他不好意思直接说明。于是，他给学生们说，今天我们要背圆周率，背100位，你们什么时候背完，什么时候来找我。他以为这样可以安心地去喝酒了，但不足半个小时学生们就去找他。他们居然一个不错地记下来了，原来，他们把圆周率变成了一个酒鬼贪吃醉死山沟的故事。

山巅一寺一壶酒（3.14159）。儿乐（26）：“我三壶（535）不够吃（897）。”酒杀尔（932），杀不死（384），乐而乐（626）。死了算罢了（43383），儿弃沟（279）。吾疼儿（502），白白死已够凄矣（8841971），留给山沟沟（69399）。山拐我腰痛（37510），我怕尔冻久（58209），凄事久思思（74944）。

目前背圆周率最厉害的人，是参加《最强大脑》节目的日本选手袁口证，他能够背到十万位以上。他用 500 或 600 位数字编一个故事，每 500 或 600 位与一个地点建立联系，这是用地点定桩法与故事串联法相结合的记忆方式。所以，记忆有方法，万事皆可能。

巧记日期信息

运用以熟记新、谐音和编码等方式，我们可以记住每一个月的三个特殊日期，然后通过推算记住其他的日期。

1 月，第一个特殊的日期是元旦 1 月 1 日。第二个日期是周恩来逝世纪念日，1 月 8 日。18，对应的编码是腰包，我们可以想成周恩来一生清廉，腰包是空的。第三个日期是水瓶座的起始日期（1 月 20 日），水瓶与打吊针时的吊瓶类似，由打吊针想到救护车 120，所以就能记住水瓶座的起始日期是 1 月 20 日。

2 月，第一个日期是 2 月 2 日世界湿地日，2、2 听起来像“鹅、鹅”，一群鹅在湿地里玩耍，因此想到世界湿地日。第二个日期是情人节 2 月 14 日，这大家都知道。第三个日期是双鱼座的起始日期（2 月 19 日），19 的编码是药酒，两瓶药酒里面泡着两条鱼，所以双鱼座对应的日期是 2 月 19 日。

3月，第一个日期是3月8日，“三八妇女节”，这大家也都知道。第二个日期是3月15日，消费者权益保障日，这大家也比较清楚。第三个日期是白羊座的起始日期（3月21日），倒计时3、2、1，白羊开始脱毛了，所以它的起始日期是3月21日。

4月，4月1日是愚人节。4月20日是金牛座的起始日期，420，听起来像“撕恶灵”，金牛的角撕开了恶灵的身体，所以金牛座开始于4月20日。4月22日是世界地球日，4的编码是帆船；22的编码是双胞胎，一对双胞胎坐着帆船环游地球，这样就把4月22日与世界地球日联系在一起了。

5月，5月1日是国际劳动节。5月12日是国际护士节，我们都知道5月12日发生了汶川地震，地震中有很多人受伤，需要护士。5月21日是双子座的起始日期，521，听起来像“我二姨”，我二姨抱着一对双胞胎，所以想到了双子座的起始日期。

6月，6月1日是国际儿童节。6月20日是世界难民日，6听起来像“绿”，20听起来像“恶灵”，绿色的恶灵造成了大量的难民，我们就想到了世界难民日。6月22日是巨蟹座的起始日期，622听起来像“绿耳耳”，想到巨蟹的两个巨大钳子夹着怪物史莱克的两个绿色大耳朵。

7月，7月1日是建党节。7月7日是中国人民抗日战争纪念日，那一天发生了“七七”卢沟桥事变。7月23日是狮子座的起始日期，723，读起来像“企鹅扇”，企鹅在狮子背上扇风，于是想到了狮子座的起始日期。

8月，8月1日是建军节。8月15日，日本无条件投降，可以想成农历八月十五日是月圆之夜，月亮特别圆，像日本的国旗上的圆圈，由此想到日本无条件投降。8月23日是处女座的起始日期，823听起来像“白耳塞”，想象成处女喜欢带着白色的耳塞。

9月，9月10日教师节。9月18日发生了“九一八”事变，9听起来像“救”，18的编码是腰包，救腰包。腰包被日本人抢走了，对应“九一八”事变。9月23日是天秤座的起始日期，923听起来像“旧耳塞”，把旧耳塞放在天平（天秤）的两边称一下，看看是不是一样重。

10月，10月1日是国庆节。10月15日是国际盲人节，10可以谐音成“是”，15谐音成“失误”，是失误导致了眼盲，所以想到10月15日是盲人节。10月24日是天蝎座的起始日期，10也可以谐音成“石”，24的编码是时钟，想到时钟的指针是石头做的，像天蝎的尾巴一样，由此天蝎座与10月24日建立了联系。

11月，11月8日是中国记者节，11看起来像一双筷子，8看起来像一只葫芦，两支筷子上插着一个葫芦就像话筒，由话筒想到记者，所以与中国记者节建立联系。11月21日是世界电视日，1121看起来像在数121、121，数整齐了才能看电视，就想到了世界电视日。11月23日是射手座的起始日期，1123，像在数1、2、3，数完了，弓箭才能被射出去。

12月，12月10日是世界人权日，一年中的12个月都要十全十美地保护人权，就想到了人权日。12月25日是圣诞节。12月22日是摩羯座的起始日期，1222，听起来像一群鹅在街上磨磨叽叽地走着，所以想到了摩羯座。

记住了这36个特别的日子，我们就可以根据这些的日期以熟记新地记住其他日子。比如，我有一个朋友的生日是9月9日，这一天是教师节的前一天，这样一联系就非常容易记住了。

巧记生活中的长数据

生活中的很多数字让人感觉头疼，很多人手机里存储的号码不少，但大脑里存储的几乎不超过5个，万一手机丢了，不知怎么与别人联系。还有些人各类网上账号的密码几乎都是相同的，因为设置成多个，自己也记不住。

为了解决数字难记的问题，我们可从以下几个方面着手：第一，将抽象的数字变成形象的编码。第二，将没有意义的数字变得有趣或者有意义。第三，将长段的数字分解后进行记忆。以下举例，如有雷同，纯属巧合。

以记忆电话号码为例。手机号码一般是11位，先进行灵活分组，再进行数字编码。比如，手机号码13751329776，先按照三个、四个、四个的方式进行分组，这是一种常见的分组方式，分组后成为137、5132、9776。再分别谐音，137谐音成“一生气”，5132谐音成“我要扇儿”，9776谐音成“把酒气（97）扇在气流（76）里面”。这样就可以想象成，一生气，我就要用扇儿把酒气扇到气流里面，从而容易把这个号码记下来了。

再比如，手机号码15483191758，按照三个、三个、五个的方式分组，就变成154、831、91758，154谐音成“一个武士”，831谐音成“白鲨鱼”，91758听起来像“就要吃尾巴”，变成一句话就是，一个武士看到一条白鲨鱼就要吃它的尾巴。再结合手机号码主人的特点，不但可以记住号码，还可以把人也记下来。

还有一种记电话号码的方法是寻找规律。很多机构的电话号码中的前几位是内部统一的，我们可以对它进行简化。比如，某公司的电话号码前三位都是 844，所以只用记后面五个数字。比如，84475342，后面的 75342 听起来像“西服扇死鹅”，可以想成穿西服的人用力地扇死了一只鹅。

我们还可以寻找电话号码里对称的、重复的或者叠加的部分，根据这些部分记忆。例如，手机号码 13501255210，以第一个 0 为界，前面是 135，后面是 125，还是有规律的，容易记忆。按三四四分组，最后一组 5210 与第二组 0152 是对称的，也很容易记下来。经过这样的分析，我们就找到了这些数字之间的叠加和对称规律，这个号码也就很容易记下来了。

还有一种规律是排序的规律。例如，手机号码 13928439055，我们按照三三五分组成 139、284、39055，三个组的开头数字分别是 1、2、3。我们再把这些数字谐音化，139 听起来像“一身酒”，想成一身酒气的一个人，284 想成“两辆巴士”，390 想成“三个酒瓶”，55 就是“呜呜地哭了”。整合起来就是，一个一身酒气的人，站在两辆巴士间，抱着三个酒瓶子呜呜地大哭。

再有一种方法是找特殊数字。这些特殊数字既可以是生日、年代，也可以是企业的标志，或者特殊的常用数字。比如，手机号码 18910821985，后四位 1985 是 80 年代居中的年份。前面两段 1891、082 听起来像“穿一白球衣拎着板儿”，再与后四位代表的年份联系起来，就是一个穿着白色球衣拎着板儿的人是 1985 年出生的。最后，你还可以把这句话与机主建立一定的联系。

最后一个手机号码的规律是数字的递增或递减。比如，13824681225。

这里面有两个规律，中间的 2468 是偶数逐级向上递增，1225 是圣诞节的日期。合起来就可以想成，一个妇女（38）数着 2468，在圣诞节这一天买了很多的东西。

手机号码可以使用以上各种方法记忆，那比手机号码更长的号码，比如银行卡号，该如何记忆呢？为了方便记忆，我们要先进行合理分组。这就需要你先找一些特殊的数，或者是有特殊意义的编码。根据这些数字或编码需要进行分组，这样才方便形成故事，让记忆更加容易。

比如，深圳招商银行卡号 6214856526244338。这个银行卡的卡号有 16 位数字。我们可以利用谐音或数字编码，把这串数字编成一个故事。也可以在数字编码后，结合企业标志或办理银行卡时的前台位置等，利用配图定位法进行记忆。

数字 6214 听起来像“牛儿要死”；8565 听起来像“把宝物塞进尿壶”；2624，26 是“河流”，24 是“24 小时”；4338，43 听起来像“石山”，38 是“妇女”的意思。所以完整的故事就是，一只牛儿要死的时候，把宝物塞在了尿壶，扔在河流里漂了 24 小时之后，漂到了石山旁的妇女脚下。

除了手机号码、银行卡号，我们在生活中还常遇到的数字就是车牌号，尤其当你用叫车软件叫了一辆出租车的时候，如果能记住车牌号码，你就不用频频看手机了。一般而言，车牌号前面两位表示它所属的省市，后面的五位是数字和字母的组合，比较难记。

比如，粤 B8KJ65。我可以这样分段，粤、B8、KJ、65。粤想成月亮的月，你也可以直接记成广东；B8，想成爸爸；KJ 是铠甲的拼音的两个首字母；65，数字编码是尿壶。合起来就是，在月亮下，爸爸穿着铠甲去倒尿壶。这个场景非常有趣，这个号码也就容易记忆了。

再比如，浙 DLP205。浙 D 想成这个小弟；LP，是老婆的拼音的两个首字母；205，听起来像“儿领舞”。合起来就变成，这个小弟的老婆和他的儿子在领舞。

再比如，鄂 AB314V。鄂是湖北的意思，A 代表武汉；B 想成 boy，男孩子的意思；314，想成 3.14，也就是圆周率的前三位；V，想成 V 字手势，胜利的意思。合起来就是，湖北武汉的一个男孩子背完圆周率之后举着 V 字手势向我们示意胜利。

如果我们了解省内的一些城市划分，记忆本地的车牌号会更方便一些。以广东省为例，粤 A 代表广州，因为广州是省会；粤 B 是深圳，深圳是广东第二出名的城市；粤 C 代表珠海，C 的形状看起来像海湾一样，所以想到珠海；粤 D 代表汕头，D 向左翻转 90 度，就像山头的形状；粤 E 代表佛山，E 看起来像大佛的几个脚指头；粤 F 代表韶关，F 像勺子没有关闭，所以想到韶关。你可以用类似的方法记住自己所在省的车牌号的代表字母。

综上所述，无论是记忆电话号码、银行卡号，还是车牌号，都需要我们有敏锐的观察力，找到特殊数字或规律，能够进行合理分组，同时还需要想象力，通过谐音和编故事等方式把它们记下来。

战胜房地产行业的难题

有一个从事房地产行业的朋友给了我们一张图片，这张图片上有四栋楼房，每一栋楼房都有很多套不同户型、面积、朝向的房间，他问我们该如何进行记忆。

下面先来看一下这张图（图中 145、86 等数字后面省略了“平方米”）。

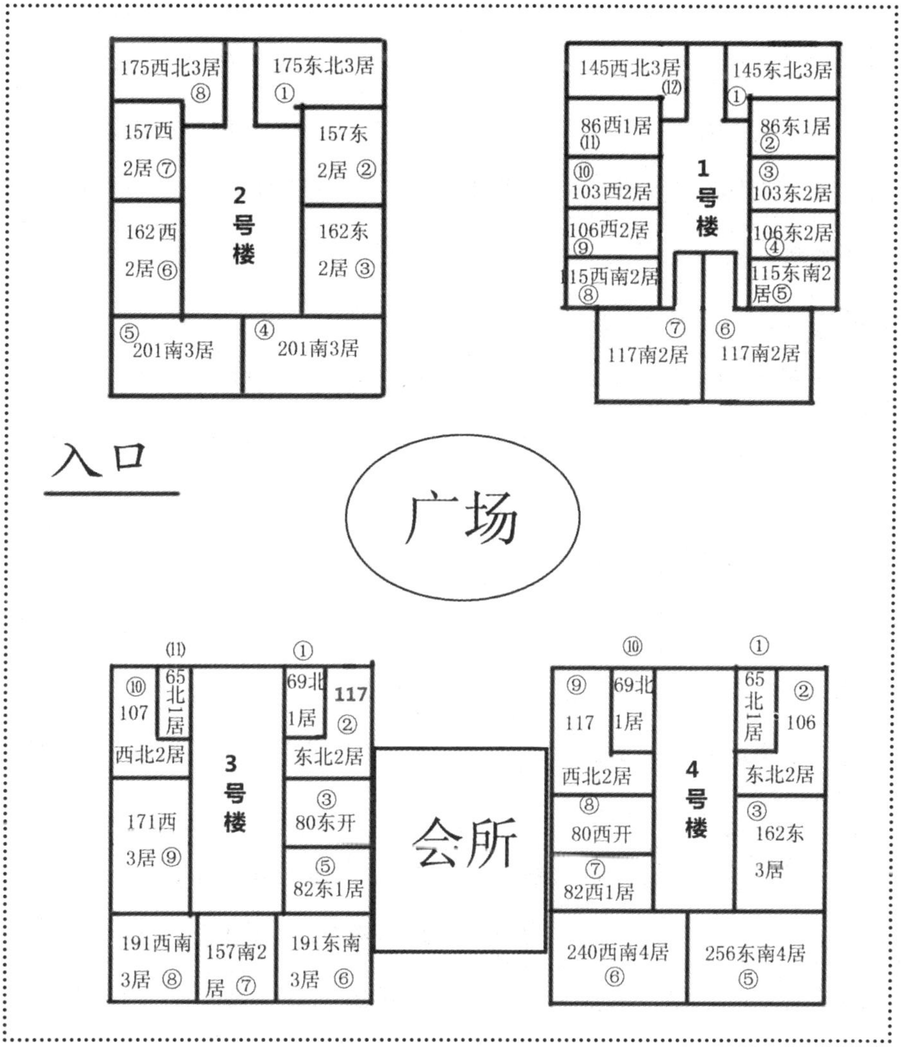

房地产行业难题

这张图片里面 1、2、3、4 号楼是按照逆时针方向标记的，中间有一个广场，入口在西边，3、4 号楼中间有一个会所。每一栋楼内的所有房间号都是从右上角开始，按顺时针标记。这些都比较容易记忆。

1 号楼有 12 套房，2 号楼有 8 套房，3 号楼有 11 套房，4 号楼有 10 套房，这些怎么记呢？这时候，我们可以把数字转化成故事。比如，1 号楼有 12 套房，112 听起来像“要婴儿”。2 号楼有 8 套房，28 听起来像“恶霸”。3 号楼 11 套房，311 听起来像“闪腰腰”。4 号楼 10 套房，想成死在十字架下面。把它们合起来串成一个完整的故事：要婴儿的恶霸闪了腰腰，死在十字架下面。这样，我们就可以把每号楼有几套房全部记住了。

接下来的信息更复杂，每一栋楼里的每一个房间是几居室、什么朝向、大概面积是多少，这些零碎的内容让人很头疼。我们先进行一定的归类整理，每一栋楼北方位置的两套房原来都是三居室，只是 3、4 号楼把三居室拆分成了一居室和二居室，所以我们可以记成“北边都是三居室，只是三、四号楼进行了拆分”。然后再看各楼南方位置的套房，1 号楼是两居室，2 号楼是三居室，3 号楼是三居室夹着两居室，4 号楼是四居室，用数字显示居数分别是 2、3、3、4。要注意的是，3 号楼的三居室中夹着一套两居室。

关于楼房的面积。通过观察，我们发现面积在 90 平方米以下的都是一居室，100 到 120 平方米的一般都是两居室，有个别二居超过 150 平方米。我们先来看 1 号楼，1 号楼是左右对称的，虽然共计 12 套房，但我们只需要记住 6 套房的面积。因为它们的面积都在 100 平方米左右，所以我们只取后两位数即可。比如，1 号楼的 1 号房是 145 平方米，取后两位 45；2 号房是 86 平方米，取 86；3 号房是 103 平方米，取 03；4 号房是 106 平方米，取 06；5 号房是 115 平方米，取 15；6 号房是 117 平方米，取 17。接下来我们把数字谐音一下，45 谐音成“师傅”，86 谐音成“八路”，03 听起来像“灵山”，

06可以想成“灵鹿”，15听起来像“鹦鹉”，17听起来像“一起”。把它们编成一个小故事：师傅和八路一起去灵山取经，骑着灵鹿，肩膀上还有一只鹦鹉，他们一起往前冲。这样，我们就把六套房的面积记下来了，分别是145（师傅）、86（八路）、103（灵山）、106（灵鹿）、115（鹦鹉）、117（一起）。

下一个问题是1号楼的每套房是几居室呢？我们刚才进行了归类，所有楼房在北边的位置都是三居室，所以位于该楼北边位置的1号房是三居。根据前面讲的“2334”的原则，可以知道南边位置的6号房是二居。根据面积的大致规律，90平方米以下的是一居室，而2号房间面积是86平方米，所以是一居室。3、4、5号套房面积在100到120平方米之间，所以都是两居室。1号楼的12套房间是对称的，知道了一侧六套房间的情况，我们也就知道了另一侧的具体情况。这样，我们把1号楼所有房间的信息都记下来了。

接下来，我们看2号楼。2号楼有8套房，也是对称的，所以只用记4套房的信息。北边位置的是三居室，南边位置的也是三居室，中间都是两居室。

这4套房子的面积分别是175、157、162和201平方米。同前面的方法一样，我们只取后两位来记忆，75对应“西服”，57对应“武器”，62对应“牛儿”，201可以想成两瓶灵药，编成小故事就是，身上披着西服，嘴里面叼着武器的牛儿，是为了抢两瓶灵药。这样，我们就可以把2号楼所有情况都记下来。

接着，是3号楼。3号楼的情况要复杂一些，它的房间左右不完全对称，这就需要我们把所有房间的面积都记下来。按照顺时针方向，它们的面积分别是69、117、80、82、191、157、191、171、107和65平方米。我们把所有数字取后两位进行谐音，69 像“太极图”，17 谐音成“一起”，80 谐音成“巴黎”，82 谐音成“板儿”，91 谐音成“球衣”，57 谐音成“武器”，91 还是“球衣”，71 谐音成“奇异果”或者“机翼”，07 听起来像“拎起”，65 听起来像“尿壶”。编成一个完整的故事就是，一群穿着太极八卦服的人一起去巴黎铁塔，看到铁塔上有一个很大的板儿，板儿左边有件球衣，中间有个武器，右边还有件球衣，于是他们吃了奇异果，拎起了尿壶，想把这些东西都拿下来。当我们脑海中出现这个故事时，就想到它对应的面积分别是 69、117、80、82、191、157、191、171、107 和 65 平方米。另外，面积小于 100 平方米的是一居室，大于 120 平方米的是三居室，要注意的特殊情况是 157 平方米对应的也是二居室。

认真观察图片，你会发现 4 号楼与 3 号楼在户型上有对称的关系，不同的是具体面积，以及 4 号楼南边位置都是四居室。我们可以如前所示继续编故事。4 号楼的故事就不做具体示范，留给大家尝试。

有人会疑惑，每栋楼编一个故事，如果混淆了怎么办？我们可以把 1 号楼、2 号楼、3 号楼作为故事的引子。比如，1 号楼的 1 看起来像大树，那 1 号楼的故事就是，在大树下面，师傅看到八路，他们一起去灵山，骑着灵鹿，肩膀上有鹦鹉，一起向前冲。2 号楼的 2，看起来像鹅，你可以想成一只鹅站在牛儿的头上，披着西服、嘴里叼着武器的牛儿，是为了抢两瓶灵药。3 看起来像弹簧一样，想成一个弹簧绑在太极图上面。这样，故事就不会记混了。

使用记忆方法时，我们可以按照记忆类型灵活选择。比如，记忆小区户型时，我们也可以使用配对联想法。1 号楼的 1 号房，我们可以把它编号为 11，11 的编码是筷子，它的面积是 145 平方米，我们想到“一个师傅”，这样可以想象成筷子插在师傅的禅杖或者法杖上，从而把1号楼的1号房与145联系起来了。1号楼的2号房编号12，12谐音成“婴儿”，它的面积是86平方米，86的编码是八路，这样可以想象成婴儿在八路的怀里面哭。诸如此类，把每个房间进行编号，然后与其面积进行配对联想。所以，同样一个问题，记忆方法是多种多样的。

后记

超级记忆力的进阶与提升

阅读完本书，你对提升自己的记忆力是否有信心，对后续的学习和提升是否有方向呢？为了明确后续的进阶和提升方向，我给大家提一些建议。

在提建议之前，首先要讲三个故事。第一个是关于数字记忆的故事。魔力之七是在心理学领域被广受认可的规律，这个规律制约了人们的想象力，很多人在遇到记忆难题时都以此为借口逃避，但也有很多实验对它发起挑战。1929 年，两个大学生进行了四个月的记忆力练习，来提升自己的短时记忆能力。结果不是让人特别满意，一个人的短时记忆数字是 13 个，另外一个人则是 15 个。虽然提高数量不多，但却是有所突破。

后来，卡内基·梅隆大学的大学生史蒂夫也参与了这个实验。他找到一些方法，比如把数字变成日期和时间、对数字进行有效分段等，经过两年半的训练，他记住了 82 个数字。这是当时的世界纪录。

科学不断前进，记忆方法也变得越来越好。2016 年，世界记忆力锦标赛比赛中，美国选手能够连续不断地记住 456 个数字。这位选手接触记忆方法的时间并不太长，不超过一年，但是效果惊人。

讲这个故事是想告诉大家，世界上虽然没有捷径，但一定有更好的方法。当你用更好的方法学习时，一定能够实现更好的效果，前提是持之以恒。

第二个故事是，1763 年，7 岁的莫扎特在欧洲进行巡演，举世震惊。大家都认为他是一个音乐神童，认为他具备的完美音高是一种天赋。2014 年，日本心理学家对 24 个 2 ~ 6 岁的孩子进行培养，经过大约一年半的时间，所有孩子都被培养出完美音高。事实证明，完美音高并不是一种天赋，在合适的年龄用合适的方法进行培养，就可以培养出来。记忆能力也是如此。

那么，能力是如何被培养出来的呢？经过一定的训练，大脑会形成一种新的能够支持大脑高速运转的特殊回路，这种回路可能是在音乐方面让你表现出超高的能力，也可能是在记忆方面。莫扎特的父亲是音乐家，在莫扎特很小的时候就对他进行训练，所以莫扎特形成了特殊的大脑回路。基本上，所有的世界记忆大师都经过了长达几个月的专项训练，这些训练在他们的大脑中形成了特殊的记忆回路，所以他们能够记得更快、更持久。

第三个是我自己的故事。我参加过国内权威的基因检测项目，在记忆方面的天赋属于一般水平，这与我在学习方面的记忆表现是一致的。在考大学英语四、六级的时候，我从来没有想过把四、六级的单词全部背下来，这对于我来说太难了。大四的时候，我看到一篇关于我们学校的学生获得世界记忆大师称号的新闻。我对记忆问题特别感兴趣，于是参加了相应的讲座和课程的学习。刚开始，学习进展并不快。有一次，我给室友展示 10 分钟记一副扑克牌。他问我世界记忆大师用时多少。我回答“52 秒”。他说，差距挺远的。但，我并没有因此气馁，仍然坚持练习。其实，后来的专项记忆训练进展也不顺利。比如，世界记忆大师考核标准中有一项是 2 分钟内记住一副扑克牌的顺序。我一直维持在 2 分钟的水平，一直练习，反复练习，后来突然发现由 2 分钟变成了 1 分钟，量变引起质变。也许是经过反复的训练，我的大脑中形成了特殊的大脑回路，所以效率突然大幅提升。很多时候，你再坚持一会儿，就会发现事情开始有转机。

学习记忆方法也是这样。只知道一些道理，没有亲身的实践和反复的应用，很难形成相应的大脑回路，也很难有大的改观。故事还没有结束，当年打击我的室友看到我在电视节目《最强大脑》上的展示后，发现训练确实可以彻底改变一个人的记忆能力，于是他也开始参加练习，后来在第25 届世界记忆力锦标赛中也获得了“世界记忆大师”的称号。

故事讲完了，相信你们也明白了我的建议。在记忆力进阶和提升方面，我想用六个词语来概括：体系性、灵活性、全面性、丰富性、快速性和持久性。

第一，在方法掌握阶段要建立体系性，要知道所有的记忆方法之间有什么样的关联，它们为什么会有用，为什么会形成这样的体系，要对它们有全面的了解。

第二，在方法选择上要具有灵活性，知道针对每一类知识的最合适的记忆方法。

第三，在知识观察时要有全面性，学会整体观察，也学会细节观察。

第四，在知识想象方面要有丰富性，能够知道知识转化的多种方法并灵活运用。

第五，记忆过程的快速性。在世界记忆比赛的过程中，对世界记忆大师的要求是 2 分钟内记住一副扑克牌的顺序。

第六，记忆保持的持久性，必须记得快、忘得慢。

记忆乃智慧之母，是进行思维、想象等其他高级心理活动的基础，而记忆方法是一种工具，希望你能用这样的工具更好地服务于生活和学习，使学习与工作变得更高效，从而让自己更轻松、更自信。